生物质全降解制品关键技术与装备

郭安福　李剑峰　李方义　著

科学出版社

北　京

内 容 简 介

为贯彻落实《国家中长期科学和技术发展规划纲要(2006—2020年)》和《国务院关于加快发展循环经济的若干意见》(国发〔2005〕22号)等文件精神，科技部于2006年10月在“十一五”国家科技支撑计划中设立了“绿色制造关键技术及装备”重大项目。

本书研究来源于由山东大学和山东九发生物降解工程有限公司共同承担的“绿色制造关键技术及装备”重大项目之“生物质全降解制品关键技术及成套装备”课题。以生物质全降解制品“成分配伍技术及成形机理—成形工艺技术—产品性能”为主线，重点研究生物质全降解制品成分配伍技术及成形机理、成形工艺技术及成形模具、力学性能、降解机理和环境友好性分析等关键技术。同时，本课题得到国家自然科学基金资助(51275278、51305239、51775318)，部分研究成果也列入本书中。

本书可供从事全降解制品领域工作的工程技术人员及高等院校相关专业的师生参考。

图书在版编目(CIP)数据

生物质全降解制品关键技术与装备/郭安福，李剑峰，李方义著. —北京：科学出版社，2018.11

ISBN 978-7-03-059266-8

Ⅰ. ①生… Ⅱ. ①郭… ②李… ③李… Ⅲ. ①废弃物-生物降解-研究 Ⅳ. ①X172

中国版本图书馆CIP数据核字(2018)第249489号

责任编辑：邓 静 张丽花 罗 娟 / 责任校对：郭瑞芝
责任印制：吴兆东 / 封面设计：迷底书装

科学出版社出版
北京东黄城根北街16号
邮政编码：100717
http://www.sciencep.com

北京凌奇印刷有限责任公司印刷
科学出版社发行 各地新华书店经销
*
2018年11月第 一 版 开本：720×1000 B5
2019年11月第二次印刷 印张：9
字数：200 000

定价：88.00元

前 言

严重的环境污染、大量的资源能源消耗，是制约 21 世纪可持续发展的重大问题。为治理“白色污染”，目前国内外已有多种绿色产品推出：淀粉基塑料类、纸浆模塑类、生物质全降解类等。其中，生物质全降解类制品是以植物纤维(稻草纤维、秸秆纤维、蔗渣纤维)和淀粉为主料，其他添加剂为辅料，经过发泡成形、喷涂防水防油胶、杀菌包装等工艺生产出的绿色环保产品。该绿色环保产品具有原料可再生、环境污染小、生产成本低等优点，是塑料产品的最佳替代品之一。

但是目前生物质全降解制品存在成形机理不明确、成分配伍不成熟、核心生产装备不完善、生物质全降解材料基础性能研究较少和国内外缺乏有效的评价标准等问题。因此，发展生物质全降解制品关键技术成为当前亟待解决的问题。作者在综合国内外相关研究的基础上，以生物质全降解制品“成分配伍技术及成形机理—成形工艺技术—产品性能”为主线，对生物质全降解制品成分配伍技术及成形机理、成形工艺技术及成形模具、力学性能、降解机理和环境友好性分析等关键技术进行重点研究。

然而，一方面由于生物质全降解制品生命周期的复杂性，另一方面由于生物质全降解制品关键技术涉及多学科交叉，目前国内外的研究尚处于探索阶段，无论在理论方法还是在技术工具上都需进一步研究和深化。作者希望本书的出版，能在一定程度上开阔生物质全降解制品关键技术研究的思路。

本书的出版，得到了聊城大学机械与汽车工程学院领导和同事给予的大力支持，同时得到山东大学可持续制造研究中心李剑峰教授、李方义教授的指导和帮助，谨在此向他们致以衷心的感谢。在本书撰写过程中，参考和引用了国内外相关文献，在此对这些文献的作者一并表示感谢。最后向参与本书审稿工作的专家表示真诚的感谢。

由于作者能力和水平有限，书中难免存在不当之处，敬请读者批评指正。

作 者

2018 年 7 月

目　　录

第1章 绪　　论

为治理“白色污染”，目前国内外已有多种绿色产品推出：淀粉类、双降解塑料类、纸浆模塑类、生物质全降解类等[1,2]。其中，生物质全降解类制品是以植物纤维(稻草纤维、秸秆纤维、蔗渣纤维)和淀粉为主料，其他添加剂为辅料，经过发泡成形、喷涂防水防油胶、杀菌包装等工艺生产出的绿色环保产品。该绿色产品具有原料可再生、环境污染小、生产成本低等优点，是塑料产品的最佳替代品[3]。生物质全降解制品存在成分配伍不成熟、核心生产装备不完善、生物质全降解制品材料基础性能研究较少和国内外缺乏有效的评价标准等问题。因此，发展生物质全降解关键技术成为当前亟待解决的问题。通过对生物质全降解技术现状以及核心装备技术进行分析和总结，将生物质全降解制品产品的成分配伍机理、成形机理及技术、力学性能、降解机理和产品全生命周期绿色度分析等关键技术作为研究重点，对主要研究内容和本书结构进行阐述。

1.1 研究背景和意义

最近半个世纪是人类历史上经济发展迅速膨胀的时期，长期以来为求得短期经济效益而过度开发自然资源，破坏人类与其他生物赖以生存的生态环境等现象在全球范围内广泛存在；同时，未能充分认识到环境、生态对经济持续发展的基础性支持作用，已造成了严重的后果[4-10]。

作为新材料的塑料，由于具有坚实耐用、加工性能好、质量轻、使用性能优良、价格低廉等优点，其用途已渗透到国民经济各个部门和人们生活的各个方面。然而，在塑料改善生活质量，给人们生活带来便利的同时，大量塑料废弃物给人类赖以生存的自然环境造成了严重影响，特别是一次性塑料包装制品，不易回收利用，也不易被环境降解，形成了“白色垃圾”[11-13]。

1.1.1　研究背景

1. 环境污染方面

石油工业的迅猛发展，促进了塑料产品的生产，其年产量已达约1亿吨，其中美国和欧洲各3000万吨、日本约1200万吨、中国约400万吨。美国、欧盟和日本年产塑料垃圾分别为1300万吨、450万吨和6.5万吨[14]。

由于大量使用塑料包装材料，其废弃后造成的“白色垃圾”也非常多，塑料类“白色垃圾”的质量轻，收集困难，回收利用价值低、成本高，并且难以降解，在自然状态下可存在200年以上，已对环境造成非常严重的后果。目前消除“白色垃圾”的方法主要包括焚烧和掩埋。但“白色垃圾”在焚烧过程中会产生包括二氧化硫在内的多种有毒有害气体，对大气造成二次污染。掩埋虽然可以暂时处理“白色垃圾”，但随着时间的延长，塑料制品中的有毒物质会分解、渗入地下，造成严重的土壤污染和水污染[15]。发泡塑料制品的制作原料是聚苯乙烯，所用的发泡剂是氟利昂，里面还含有二噁英及其他一些有毒物质。当温度超过65℃时，一些毒素和二氧化硫就会析出并渗入食品中，对人的肝脏、肾脏、生殖系统、中枢神经系统造成损害，甚至可能致癌，影响人们的身体健康。作为生活垃圾的废塑料制品和遗留在土壤中的废塑料等散落在田野或填埋进入土壤后，会影响土壤透气性、阻碍水分流动和作物根系发育，影响土壤内物、热的传递和微生物生长，影响农作物吸收养分和水分，导致农作物减产。据调查，每亩(1亩≈666.7m^2)地若含残膜3.9kg，可使玉米减产11%～23%，小麦减产9%～16%。同时，塑料的碎屑混入土壤中，长期不能降解，会破坏土壤的团粒结构，紊乱毛细管体系，导致深层土质劣化，上百年不能恢复，进而破坏地球生态平衡，最终威胁人类生存[16,17]。

2. 资源方面

目前，广泛使用的一次性塑料制品大都由石油提炼而来，而石油属于不可再生资源，据估计，以目前的开采能力计算，全球的石油资源仅还能开采40余年[18-20]。我国是位列美国之后的世界上第二大石油进口国，由于油价的持续上涨和国际环境的紧张，石油将成为制约我国经济发展的一个瓶颈[21-23]。

3. 贸易壁垒

为更好地保护环境和资源，现在许多国家都已禁止使用一次性发泡塑料餐具，要求进口的包装材料符合ISO 14000等一系列绿色标准。ISO 14000环境管理体系国际标准规定不符合该标准的产品，任何国家都可以拒绝进口，因此使不符合标准的产品被排除在国际贸易之外。目前，我国的包装材料符合 ISO 14000 标准的种类较少，远不能满足对外贸易发展的需要，许多包装产品被绿色壁垒挡在了国际市场的大门之外，形成了我国的国际贸易壁垒[24,25]。

4. 法令法规

世界各国已采取了积极的措施来限制和禁止一次性塑料制品的使用，并积极引导全降解材料产业的发展，以解决本国的环境问题，如表 1-1 所示。

表 1-1 国内外相关的政策法规一览表

年份	国家或地区	内容
1989	美国	限制使用一次性非降解塑料制品，并制定实施降解塑料的时间表
1991	欧盟	限制使用一次性非降解塑料制品，并制定实施降解塑料的时间表
1993	德国	禁止使用一次性非降解塑料制品
1995	中国	限制使用一次性塑料餐盒的地方法规相继出台
1996	中国	铁道部在全国铁路各站禁止使用泡沫塑料餐盒
1997	欧盟	全面禁止使用一次性非降解塑料制品
1998	中国	国家环境保护总局主持召开会议，计划从 1999 年 7 月 1 日起，用一到两年时间淘汰一次性发泡塑料餐具
1999	中国	国家经济贸易委员会发布第六号令，要求在 2001 年前淘汰泡沫塑料餐具
1999	中国	《一次性可降解餐饮具通用技术条件》和《一次性可降解餐饮具降解性能试验方法》两项国家标准获得通过
2000	中国	《一次性可降解餐饮具通用技术条件》和《一次性可降解餐饮具降解性能试验方法》两项国家标准正式实施
2002	荷兰	对一次性塑料袋征税，使全国一次性塑料袋的使用量下降了 90%
2007	中国	《降解塑料的定义、分类、标识和降解性能要求》国家标准正式实施
2009	中国	《塑料一次性餐饮具通用技术要求》国家标准正式实施

5. 各国对策

资源和能源的过度消耗及其给人类生存构成的严重威胁，使当今世界掀起了以保护生态环境为核心的绿色浪潮，绿色包装则是这股浪潮的重要组成部分。绿色包装是指能够循环利用、再生利用或自然降解，并在产品的整个生产周期中对人体和环境不造成危害的适度包装。世界发达国家对发展绿色包装提出了“4R1D”，即 Remanufacture（再制造）、Reduce（减量化）、Reuse（重复使用）、Recycle（再循环）、Degradable（可降解）[11,21]。

德国是世界上最早提出绿色环保材料概念的国家，早在 1977 年，德国政府就推出“蓝天使”绿色环保标识，用以授予具有绿色环保特性的产品，包括一次性制品、包装材料和容器等。具有绿色环保标识的产品将得到政府向消费者推荐的特权，并在税收上享有一定的特权[26]。

荷兰政府计划采用大量生物降解材料，以促进荷兰绿色包装的使用。政府已准备了几十亿欧元购买可持续材料制造的物品，这些产品包括生物降解三明治包装、酒杯、罐和垃圾袋等。荷兰政府决心担当荷兰的行为榜样，并提高消费者的有关意识[27]。

日本目前降解原材料生产企业约有 20 家，同时有多达 170 家企业在生产、加工和研制降解材料制品，这些企业大多有多年降解材料制品生产和经营经验，极大地推动了全降解材料行业的发展[28]。

我国早在 20 世纪 90 年代初就已下大力气治理“白色污染”，90 年代末又对各行各业提出了“绿色环保”的要求。进入 21 世纪后，我国将发展循环经济提高到一个战略高度。我国在《国民经济和社会发展第十一个五年规划纲要》中明确提出要全面贯彻落实科学发展观，大力发展循环经济，建设资源节约型、环境友好型社会，加大环境保护力度，改变长期以来只注重加快经济增长的政策，转而支持改善社会服务和限制范围越来越广泛的环境破坏。

1.1.2 研究意义

本书研究生物质全降解制品的重大意义主要体现在原料具有可再生性、产品废弃后实现全降解和市场需求量大等方面。

1. 生物质的概念

生物质是指利用大气、水、土地等通过光合作用而产生的各种有机体，即一切有生命的可以生长的有机物质，包括植物、动物和微生物。

广义上，生物质包括所有的植物、微生物，以及以植物、微生物为食物的动物及其产生的废弃物。有代表性的生物质有农作物、农作物废弃物、木材、木材废弃物和动物粪便等。

狭义上，生物质主要是指农林业生产过程中除粮食、果实以外的秸秆、树木等木质纤维素、农产品加工业下脚料、农林废弃物及畜牧业生产过程中的畜禽粪便和废弃物等物质[29]。

各种生物质之间存在相互依赖和相互作用的关系。生物质对人类有广泛而重要的用途：①用作食物；②用作工业原料；③用作能量；④改善环境、调剂气候、保持生态平衡。

2. 生物质组成

生物质的主要组成元素为 C、H、O，化石资源的主要组成元素为 C 和 H。通过光合作用，植物每年转化约 2000 亿吨 CO_2，把其中的碳转为碳水化合物，并储存 3.1×10^{13}J 的太阳能。其储存的能量是目前世界能源消耗量的 10 倍左右。

生物质分为以下三大类。

1) 木质纤维素

木质纤维素是指植物的根、茎、叶及果实的外壳，如农林副产物(如玉米芯、甘蔗糖、秸秆、树皮、木屑)等，这类生物质的主要化学成分是纤维素、半纤维素和木质素这三部分，全球数量最大的三种木质素生物质的原料是稻草、麦秸秆和玉米秸秆。

2) 籽粒

籽粒(粮食、果实)是植物生长产生的种子，如玉米、小麦等，这类生物质的主要化学成分是糖类(可溶性糖和不溶性糖)、脂类(油脂和磷脂)、蛋白质(结构蛋白和储藏蛋白)。

3) 甲壳素

甲壳素又称甲壳质、几丁质，是一种特殊的纤维素，也是自然界中少见的一种带正电荷的碱性多糖。它的化学名称是聚葡萄糖胺(1,4)-2-乙酰氨基-2-脱氧-β-D-葡萄糖，或简称聚乙酰氨基葡萄糖。甲壳素广泛存在于甲壳纲动物(如虾、蟹和昆虫)的甲壳中，以及真菌(如酵母、霉菌)的细胞壁和植物(如蘑菇)的细胞壁中。

3. 原材料优势

生物质全降解制品由植物纤维、纯天然淀粉制备而成，其淀粉主要来源于玉米，其植物纤维主要来源于农作物秸秆、花生壳、蔗渣和竹粉等可再生原料。我国玉米的产量高，库存量大，国家数次颁布深加工产业政策，鼓励和提倡对陈化粮食的深加工。农作物秸秆和花生壳是很好的全降解材料原料，据有关资料报道，我国年产可利用的农作物秸秆达 6 亿多吨，年产花生壳 3000 多万吨。以往多以焚烧为主，既浪费资源，又污染环境。利用农作物秸秆和花生壳作为全降解材料原料两全其美，既使废弃物资源化，又保护了环境，是既经济又实惠的可持续发展循环经济。我国南方地区分布着大量的竹林，其所在地区大部分经济欠发达，发展竹粉加工业将是促进地区经济发展、缓解就业压力、提高人民生活水平的一个重要途径。

4. 生物质全降解材料市场需求分析

据报道，中国塑料包装材料在未来几年内年需求量将达到 500 万吨，按其中

30%为难以收集的一次性塑料包装材料和制品计算，塑料废弃物产生量将达 150 万吨；在塑料地膜方面，中国可覆盖地膜的面积为 5 亿多亩，目前覆盖面积仅达到 30%左右，加上育苗钵、农副产品保鲜材料，塑料地膜预计需求量将达到 100 万吨[16]；另外，一次性日用杂品和医疗材料也是难以收集或不宜回收利用的，预计其需求量达 100 万吨；因此，难以回收利用的塑料废弃物将达到 350 万吨。若其中 30%采用降解塑料替代，则约占中国塑料制品总产量的 4%[30,31]。

目前，全国一次性快餐盒年消费量大约 120 亿只，可回收、可降解的环保饭盒占 60%，国家明令禁止的一次性发泡塑料餐盒占 40%。在 60%的环保饭盒中，有 1/2 左右不能完全达到安全、卫生和环保要求，真正符合要求的环保饭盒大约只有 36 亿只。另外，全国一次性水杯的用量大约 100 亿只，一次性托盘的用量大约 80 亿只，一次性碗类(包括方便面碗)的用量大约 60 亿只，一次性筷子用量大约 400 亿只，还有刀、叉、勺等目前尚无统计数据[32]。

市场上还有很大比例的纸制一次性餐饮具，虽然纸制品属于可降解材料，但纸制一次性餐饮具需要消耗大量的木材，将对我国本来就贫乏的森林资源造成巨大的威胁。除此之外，造纸工业会排放大量的污水，污染河流，破坏居住和生态环境。一次性餐饮具的需求逐年增加，而生物质全降解材料的发展还不是很迅速，不可避免地造成环境污染和资源浪费，如图 1-1 所示。

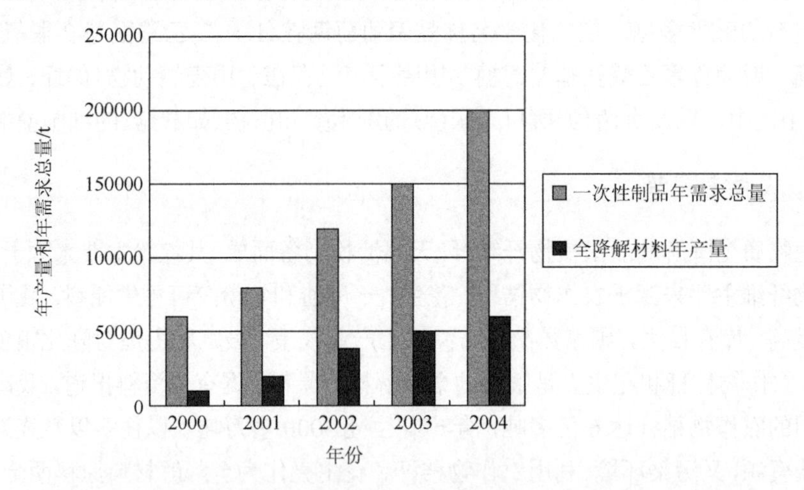

图 1-1　一次性制品材料需求总量与全降解制品材料年产量对比

5. 生物质全降解材料重大意义

发展生物质全降解材料的重要意义如下。

(1) 生物质全降解材料及制品是普通塑料制品等不可或不易降解材料的理想

替代品，是可降解类餐饮具制品的升级换代产品。

(2)符合环保要求，对保护环境、防止白色污染有重要的现实意义。

(3)可回收再生利用，全生命周期无污染，对促进循环经济的产生、实现可持续发展具有巨大的生态效益和社会效益。

(4)能够降低大规模消费品对石化产品的依赖性，具有重要的战略意义。

(5)可以促进和实现我国的粮食深加工产业政策，缓解玉米储存压力，使农作物秸秆、蔗渣等变废为宝。

(6)能够满足我国加入世界贸易组织(WTO)的需要，大幅度提高有关产品的国内外竞争力，打破ISO 14000环境标准等有形和无形的国际贸易壁垒。

(7)促进和带动制造、化工、控制、管理等一大批相关学科的研究和发展，具有重要的科学研究意义。

(8)一次性全降解餐饮具制品及包装材料可满足人们生活高质量、快节奏的绿色需求。

(9)全降解材料是国家环保政策支持的新兴材料类别，有长远的发展空间和潜力，是极具发展前途、经济效益显著的新兴产业。

1.2 生物质全降解材料研究现状

1.2.1 成分配伍及成形机理

国内外学者对生物质全降解包装材料成分配伍、成形机理及工艺技术的研究多见于对淀粉基塑料包装制品、泡沫塑料、纸浆模塑等可降解制品的研究。研究重点多见于材料配伍研究、成形机理和成形方法的研究。

1. 成分配伍机理研究

国内外学者分别采用各种生物质原料来研究可降解包装材料成分配伍机理。

淀粉及改性淀粉的配伍技术：Miladinov等[33]采用乙酰化淀粉作为原料制备泡沫塑料；Lawton 等[34,35]认为高直链淀粉具有最短的烘焙时间并能制得相对轻便的碟子；Nabar等[36]研究了淀粉发泡材料的性质与所用淀粉的种类、发泡剂、添加剂的关系，得到了泡沫材料；Frank 等[5,37]以易分解、低成本的有机材料和植物纤维为主要原料生产可生物降解的碗碟。

植物纤维配伍技术：Marechal等[38]以向日葵杆茎纤维为原料制造包装产品，

其强度与聚苯乙烯材料相当；李媛媛等[39]对天然植物纤维的固有属性进行改性，增强相容性，通过发泡工艺增强其柔韧性和弹性。

添加剂配伍技术：未友国等[40]利用天然胶乳、植物纤维、蒙脱土等经过发泡工艺制备橡胶发泡复合材料，并利用扫描电子显微镜(SEM)对微孔结构进行观察研究；宋晓利等[41]研究了在不同增塑剂用量的情况下，实验样品的密度、动态缓冲曲线和静态缓冲曲线。通过对增塑剂用量与实验样品密度、动态缓冲系数及静态缓冲系数关系的分析，得出了增塑剂对缓冲材料的影响规律。

2. 成形机理研究

Chinnaswamy 等[42]研究了不同温度对各种直链含量淀粉的影响；Wang 等[43]建立了数学模型来描述淀粉基挤出发泡的发泡膨胀现象，模型由三部分组成：泡孔生长过程、挤出发泡的泡孔生长和挤出时的泡孔转移现象；杨文斌等[44]对植物纤维发泡包装材料的干燥工艺和水分移动机理进行了研究。

1.2.2 生产装备及成形工艺技术

西方发达国家对可降解材料的研究较早，相关的生产设备研发也取得了一定的成果。国内一些企业和研究人员对生物质可降解一次性餐饮具生产装备也开展了一些研究工作。研究工作多致力于生产线的开发与优化、模具的开发与仿真、模具特征等方面。

1. 生产线装备

生产装备开发：德国 WALTER 公司研发了两种型号的淀粉快餐具生产设备，并开始进行工业化生产[45]；美国[46,47]、日本[48]、西欧一些国家[49]进行了生物质颗粒成形及燃烧技术的研究，并开发了生物质颗粒成形机及燃烧设备，形成了产业化，在加热、供暖、干燥、发电等领域已得到普遍推广应用。

生产原理：莫海军等[50]介绍了目前我国一次性可降解环保餐具的发展概况，同时介绍了一次性可降解餐具的生产原理及工艺流程；王文生[51]和刘志忱[52]介绍了国内的纸浆模压自动化生产线的生产工艺、工作原理、生产装备和生产现状。

生产线仿真优化：山东大学刘刚[53]建立了生物质全降解材料制备整条生产线的仿真模型，经过模型仿真，得出生产相关数据，在此基础上确定生产瓶颈，进而得出优化方案。

生产线控制系统：黄英等[54,55]研究了 DZJ-A 型全自动纸浆模塑成形机生产工艺中的控制原理及可编程逻辑控制器(PLC)全自动控制系统的设计方法，并对用 FX2N-80 型 PLC 实现工艺流程的程序控制、工艺过程中的温度、机构运动位置、工序时间等工艺参数的计量与控制，进行了分析研究。

2. 成形模具装备

成形模具仿真：东北大学张以忱等[56]对 DZJ-A 型全自动纸浆模塑生产线的热压干燥模具加热过程中的工作表面温度分布和温度时间历程进行了模拟仿真；华南理工大学陈耀武等[57]对一模多腔模具在加热过程中由散热问题引起的模腔温度不一致问题进行了仿真研究；焦安勇[58]模拟了生物质的压缩成形过程及其内部温度场变化，分析得到生物质压缩过程的内部位移规律、应力应变规律以及摩擦应力分布状况。

新型模具设计：山东大学鲁海宁等[59,60]设计了一种基于自动脱模技术的新型模具装置，结合生物质全降解材料成形原理和特点，采用有限元分析的方法，对新型成形模具的实际工作状况进行模拟仿真分析，并采用迭代法对新型成形模具进行优化。

模具特征：刘志忱[52]分析了纸浆留着与成形模具的关系，探讨了成形模具的特征；胡玉峰等[61]针对模压成形，从塑性成形基本原理出发对成形 R 值进行了试验研究。

3. 成形工艺技术研究

烘焙发泡成形方法：Preechawong 等[62,63]研究了淀粉、聚乳酸、聚乙烯醇混合物和相关添加剂的烘焙发泡条件；Soykeabkaew 等[64]研究了黄麻和亚麻纤维增强淀粉烘焙发泡的工艺条件；Shey 等[65]和 Rosa 等[66]采用烘焙法生产具有低密度泡沫塑料性能的谷物和块茎淀粉发泡材料。

临界熔体挤出法：Alavi 等[67,68]运用超临界熔体挤出法获得了泡孔直径在 50～200μm 范围内的生物聚合物泡沫。

溶液机械发泡法：谢拥群等[69]通过溶液机械发泡的方法构造了植物纤维材料的网状结构，利用气泡的内外压差、薄膜的表面吸附及膜间对纤维的顶推和束缚作用，以及纤维羟基形成的氢键结合，并结合胶黏剂增强实现纤维间的连接而构筑网状结构。

真空吸滤成形：张以忱等[70,71]对纸浆物料的真空吸滤成形过程进行了理论分析，建立了相对应的真空吸滤模型，探讨了影响真空吸滤效率的因素，提出了型坯空隙率修正系数，并根据模型通过计算和推导，得出对于某一特定浆料的真空吸滤过程中纸坯厚度、过滤时间及压力差之间的关系式。

1.2.3　组织结构及力学性能研究

国内外学者对生物质全降解材料力学性能的研究多见于对淀粉基塑料、纸浆模塑等可降解材料的研究，研究内容主要包括材料组织的微观结构、产品性能仿真与实验和缓冲包装材料缓冲机理的研究。

1. 组织结构研究

Rutiaga[19]、张以忱等[71-73]和 Iman 等[74]研究了淀粉基降解薄膜的抗拉强度和断裂伸长率等力学性能指标，并采用扫描电子显微镜分析了其组织结构；Gomes 等[75]研究了由木薯淀粉、壳聚糖和聚乙烯醇组成的不同组分降解薄膜的抗拉强度；Scarascia-Mugnozza 等[76]和 Briassoulis 等[77]研究了降解地膜的力学性能的衰变周期和使用过程中抗拉强度的变化情况；Casavola 等[78]采用拉伸实验的方法测定了该降解材料的力学性能，且该材料可以采用传统技术进行生产。

2. 仿真研究

赵东等[79]通过有限元程序计算了植物秸秆压制杯形容器时的力-位移关系，研究了成形杯的应变分布，以及材料在模具中的流变规律，并探讨了变形程度、摩擦因子、模具锥度等因素对杯形容器成形的影响；徐锋等[80]和景全荣等[81]应用可降解餐具力学性能测试结果，采用有限元方法，对其在外载作用下所反映的力学性能进行分析，与实验结果进行对比，确定在外载作用下可降解餐具最易破损部位。

3. 工业缓冲包装材料缓冲机理

曹世普等[82]研究了纸浆模塑工业包装制品的材料性能、结构和所受的载荷，提出了纸浆模塑工业包装制品的缓冲机理，并利用有限元方法模拟此类制品在载荷下的响应。

1.2.4　降解机理及降解评价方法研究

国内外学者对生物质全降解材料的降解机理也进行了一些研究工作，研究方法多采用堆肥法和自然环境法等。

1. 实验室法

Mohee 等[83,84]在厌氧和需氧条件下，对生物可降解塑料的降解性能进行了实验；Joo等[85]研究了在塑料降解过程中，堆肥温度和湿度条件改变对纤维素、聚乙烯和聚丙烯等三种塑料成分降解能力的影响；Zhao等[86]研究了聚丁二酸丁二醇酯-己二酸丁酯材料在曲霉菌堆肥条件下的降解机理和降解特性；赵黔榕等[87]以淀粉、聚乙烯醇为原料制备了共混交联塑料薄膜，采用培养皿法测定共混交联塑料薄膜材料的生物降解性能。

2. 自然降解法

Briassoulis等[88-96]研究了农业降解薄膜在自然环境下的降解性能，认为这些薄膜在自然环境下，4～6个月基本实现完全降解；肖荔人[97]采用生物活性剂对无机粉体进行表面处理，利用碱性无机材料的吸水性能制备出含少量淀粉和碱性无机材料的光钙型可环境消纳聚乙烯制品，进行了力学性能、ASTM(美国材料与试验协会)标准生物降解性能和卫生性能等的分析。

3. 降解评价方法

Lim等[98]研究了一种针对聚乳酸、聚碳酸酯、聚-β-羟丁酸和聚丁二酸丁二醇酯等材料降解性能的评价方法，该方法首先把塑料成分浸渍或者粘贴入滤纸中，然后采用蛋白酶和酯酶来分解这些滤纸以评价塑料材料的降解程度；李海花等[99]研究了不同时间、石油浓度、接种量、pH、基质及添加物等条件对降解菌降解石油的影响。

1.2.5 环境友好性评价

对于生物质全降解材料环境友好性的研究工作，国内外学者采用全生命周期理论和环境评价方法等相关理论对包装产品、机电产品、评价方法也进行了一些研究工作。

生命周期理论(life cycle assessment，LCA)的萌芽出现在20世纪60年代末。1969年美国中西部研究所对可口可乐外包装的整个原料采集、生产到废弃物的处置过程进行了跟踪调查与定量研究。当时这一研究被称为资源与环境状况分析。同时，欧洲国家一些研究机构和工业企业内部也相继开展了类似的研究[100]。1993年，SETAC在《生命周期评价纲要——实用指南》中将生命周期评价的基本结构归纳为四个部分：定义目的与确定范围(goal and scope definition)、清单分析(inventory analysis)、影响评价(impact assessment)和改进评价(improvement assessment)[101,102]。

层次分析法(analytic hierarchy process，AHP)是美国运筹学家Sauty教授于20世纪70年代初提出的一种系统分析方法。面对由“方案层—判断层—目标层”

构成的递阶层次结构决策分析问题，给出了一整套处理方法与过程，可以将决策者的主观经验导入模型加以量化处理[103-105]。它在处理复杂决策问题上具有实用性和有效性，因此很快在世界范围得到重视。它的应用已遍及经济计划和管理、能源政策和分配、行为科学、军事指挥、运输等领域[106,107]。

汪培庄教授最早提出了模糊层次综合评价法(fuzzy analytic hierarchy process，FAHP)，作为模糊数学的一种具体应用方法。它是一种在多因素场合对事物和系统进行综合评估的方法。模糊层次综合评价法是将模糊数学与层次分析法相结合的一种系统评价方法。它是应用模糊变换原理和模糊数学的基本理论——隶属度或隶属函数来描述中间过渡的模糊信息量，将模糊信息定量化，考虑与评价事物和系统相关的各个因素，合理地选择因素阈值，进行比较合理的划分，再利用传统的数学方法对多因素进行定量评价，从而科学地得出评价结论[108,109]。

1. 评价方法

Fija[110]、Williams 等[111]和 Engul 等[112]建立了针对清洁生产过程的环境影响评价方法，可以对生产工艺进行综合评价；李敏秀等[113,114]运用生命周期评价方法和多级模糊评价方法相结合的方法，解决其在全生命周期或多生命周期内从设计、制造、使用到回收等过程中诸多因素影响下的绿色度评价问题；浙江大学周胜[115]提出了应用模糊层次分析法对机电产品进行绿色度综合评价，构造了机电产品绿色度综合评价系统的层次模型。

2. 产品评价

机电产品的评价：Jones 等[116-118]从全生命周期角度研究了 5 种电缆的生产使用过程对环境的影响；何良菊等[119]应用简式全生命周期评估(LCA)矩阵对塑料和镁合金手机外壳材料进行了初步评价和比较，结果表明虽然镁合金能源消耗较高，但在材料的性能、资源消耗、环境负荷及材料的再生回收性等方面都明显优于塑料。

包装产品的评价：Xie 等[120,121]应用 LCA 方法研究了聚乙烯牛奶包装瓶的环境友好性；Tarantini 等[122,123]和 Laurent 等[124]采用全生命周期理论研究了工业地区的环境影响关键点，并对发展和机遇问题进行评估；山东大学姜峰等[125]运用层次分析模型对典型包装材料的综合效益进行了评价和分析，并对几种典型材料的评价结果进行了分析；李媛媛等[126]采用定性与定量相结合的方法，对塑料编织袋制造工艺过程的资源环境性能进行了综合评价；谢明辉等[127,128]采用生命周期评价法研究了纸塑铝复合包装的全生命周期环境影响，并在处置阶段对不同处置方式的环境影响进行评价。

生物材料的评价：北京工业大学孟宪策[129]运用生命周期评价方法，对部分石油基聚碳酸酯-聚碳酸亚丙酯、聚乳酸和非石油基聚碳酸酯三种生物降解材料进行了全生命周期研究，得到了三种材料全生命周期的环境负荷。

1.2.6 存在的主要问题

综合以上文献可以看出，国内外对生物质全降解制品关键技术的研究还较少，存在的主要问题如下。

(1) 生物质全降解制品成分配伍技术及成形机理有待深入研究。由于植物纤维和淀粉成分各异，其含水量和化学特性各不相同，因此，制品在发泡成形过程中发生的物理化学反应需做深入研究。在研究制品成形机理的基础上，开发出相对成熟的成分配伍技术。

(2) 成形模具的设计开发及成形工艺技术有待继续完善。目前对生物质可降解制品的成形工艺技术多采用烘焙发泡成形方法、临界熔体挤出法、溶液机械发泡法和真空吸滤成形等。本课题的成形工艺决定了制品需要在较短的时间内排出气体，因此课题需要结合成形工艺开发出新型模具，并从理论上对其进行分析研究。

(3) 生物质全降解材料的微观结构及力学性能尚需深入研究。国内外学者对发泡塑料、降解薄膜等材料的微观组织和力学性能进行了一些仿真和实验研究。本课题材料采用发泡成形工艺生产而成，不同于传统材料的基础性能，目前关于本课题材料的微观组织和力学性能的研究报道还很少，需从理论结合实验对其进行深入研究。

(4) 生物质全降解制品在自然环境中的降解机理、降解历程需深入探讨。国内外学者对植物纤维和淀粉的降解机理研究较多，而对经过发泡工艺成形后生物质全降解材料的降解研究报道还较少。因此，生物质全降解制品在自然环境中的降解机理和降解历程需做深入研究。

(5) 生物质全降解材料的环境友好性还需从理论上进行深入分析研究。本材料的生产主要原料为可持续的植物纤维和少量淀粉，为绿色材料，而生物质全降解产品的环境友好性需要从全生命周期的角度进行深入分析研究。

1.3 主要研究内容

通过阅读和分析国内外文献，发现生物质全降解制品的成分配伍机理、成形机理及装备、力学性能、降解机理和环境友好性分析等关键技术是当前关注的热点。同时，为贯彻落实《国家中长期科学和技术发展规划纲要(2006—2020年)》和《国务院关于加快发展循环经济的若干意见》(国发〔2005〕22 号)等文件精神，积极发展绿色制造，加快相关技术在材料与产品开发设计、加工制造、销售服务及回收利用等产品全生命周期中的应用，形成高效、节能、环保和可循环的新型制造工艺，使得制造业资源消耗、环境负荷水平进入国际先进行列，并为国家发展循环经济和建设节约型社会等重大工程提供关键配套技术支撑，科技部于 2006 年 10 月在“十一五”国家科技支撑计划中设立了“绿色制造关键技术与装备”重大项目[130]。

本书研究来源于由山东大学和山东九发生物降解工程有限公司共同承担的国家“十一五”科技支撑计划“绿色制造关键技术及装备”重大项目之“生物质全降解制品关键技术及成套装备”课题(课题编号：2006BAF02A08)。课题于 2009 年 12 月通过了山东省科技厅主持的鉴定工作，并获得了鉴定证书(鲁科成鉴字〔2009〕第 1404 号)。鉴定认为本课题绿色环保、节能减排，经济社会效益显著，在生物质全降解制品配方、成形工艺及装备方面达到国际领先水平。课题于 2010 年 4 月 22 日顺利通过科技部验收，并于 2010 年 11 月获得山东省科技进步奖二等奖。

本书以生物质全降解制品“成分配伍技术及成形机理—成形工艺技术—产品性能”为主线，结合国家“十一五”科技支撑计划“绿色制造关键技术及装备”重大项目之“生物质全降解制品关键技术及成套装备”课题任务要求，重点研究课题中生物质全降解制品成分配伍技术及成形机理、成形工艺技术及成形模具、力学性能、降解机理和环境友好性分析等关键技术。

本书以生物质全降解制品关键技术及装备为主题，针对目前生物质全降解制品行业中存在的共性问题，系统研究生物质全降解制品成形机理、成分配伍技术、成形工艺技术、力学性能、降解机理和环境友好性分析等关键技术，为生物质全降解制品行业提供共性支撑技术，具有重要理论意义和实际应用价值。

本书共七章，对生物质全降解制品关键技术进行研究，具体如下。

第 1 章　绪论

阐述课题的研究目的和意义，总结国内外生物质全降解制品相关领域的研究进展，提出本课题的研究内容。

第 2 章　生物质全降解制品成分配伍技术及成形机理

以热力学理论、高分子理论和胶体与界面化学理论等为指导，研究生物质全降解制品的发泡机理及过程，提出生物质全降解制品的水桥连接成形机理。在研究生物质全降解制品各原料物理化学特性的基础上，初步确定几种典型生物质全降解制品成分配伍技术方案，为后续研究提供理论基础。

第3章　生物质全降解制品成形工艺技术及成形模具研究

首先研究生物质全降解制品的制备过程及影响制品成形的因素，结合第2章生物全降解制品的成形机理和成分配伍技术，研究开发新型模具，研究生物质全降解制品成形工艺参数选择原则，并初步开发几种典型生物质全降解产品的工艺参数；然后以有限元理论为基础，结合成形模具的实际工况，对模具工作过程的热场、热力耦合场进行仿真分析研究，分析模具工作表面的温度场、应力场和应变场的工况，为模具结构优化和成形参数的优化提供理论基础。

第4章　生物质全降解材料微观结构及力学性能实验研究

首先，研究生物质全降解材料的微观组织形式形成机理，并采用SEM技术对生物质全降解材料的微观组织形式进行分析。其次，以生物质全降解餐盒为研究对象，通过力学性能实验，获得生物质全降解材料的力学性能参数，并利用有限元方法对餐盒进行仿真，模拟餐盒在使用过程中的受压状况，确定生物质全降解餐盒的应力集中情况，并与餐盒在实验室受压状态下的情况进行对照，验证计算机仿真的正确性。最后，以《塑料一次性餐饮具通用技术要求》(GB 18006.1—2009)为标准，研究生物质全降解餐盒的使用性能，主要包括质量测定、容积测定、耐水实验、耐油实验、负重性能实验、盒盖折次实验、含水率和跌落实验等，并与淀粉基塑料餐盒、纸浆模塑餐盒的使用性能进行对比。

第5章　生物质全降解制品降解机理及实验验证

首先系统研究生物质全降解制品在自然环境中的降解历程，提出其降解机理。然后以霉菌实验的方法，研究生物质全降解餐盒在整个降解周期内的微生物生长程度和质量损失率，探讨试样大小、环境条件对降解性能的影响，并把这些降解指标与作为阳性对照的滤纸和作为阴性对照的聚乙烯塑料进行对比分析。同时，还与纸浆模塑餐盒、淀粉基塑料餐盒的降解性能进行对比。

第6章　基于层次分析法的生物质全降解包装材料绿色度评价

建立可降解包装材料的绿色度评价指标体系，运用模糊层次分析模型对其进行评价和分析。通过问卷调查得到定性评价后，利用概率统计的原理对数据进行处理，构造比较矩阵，并采用和积法计算最大特征根和特征向量，最终得到各指标的相对重要度。然后计算得到各指标相对于被评价产品的综合重要度。用逻辑推理指派法确定各指标的隶属函数后，得到该指标的隶属度。根据各评价指标的隶属度和综合重要度运用线性加权的方法得到可降解包装材料的绿色度。最后把六种典型可降解包装材料和传统发泡塑料包装材料的绿色度进行对比，认为生物质可降解包装材料具有很好的发展前景。

第 7 章　结论与展望

对全书研究成果进行概括和总结，并对进一步的研究进行展望。

综前所述，可知，本书首先由绪论开始，介绍本书的研究背景、研究意义，提出本书的主要研究内容。其次，对生物质全降解制品的成形机理和成分配伍技术进行研究。再次，对成形工艺技术及成形模具进行研究，还对生物质全降解材料的力学性能、降解机理和全生命周期的环境友好性等基础性能进行研究。最后，对本书的研究成果进行总结，指出本书存在的不足，并对进一步的研究进行展望。本书整体框架如图 1-2 所示。

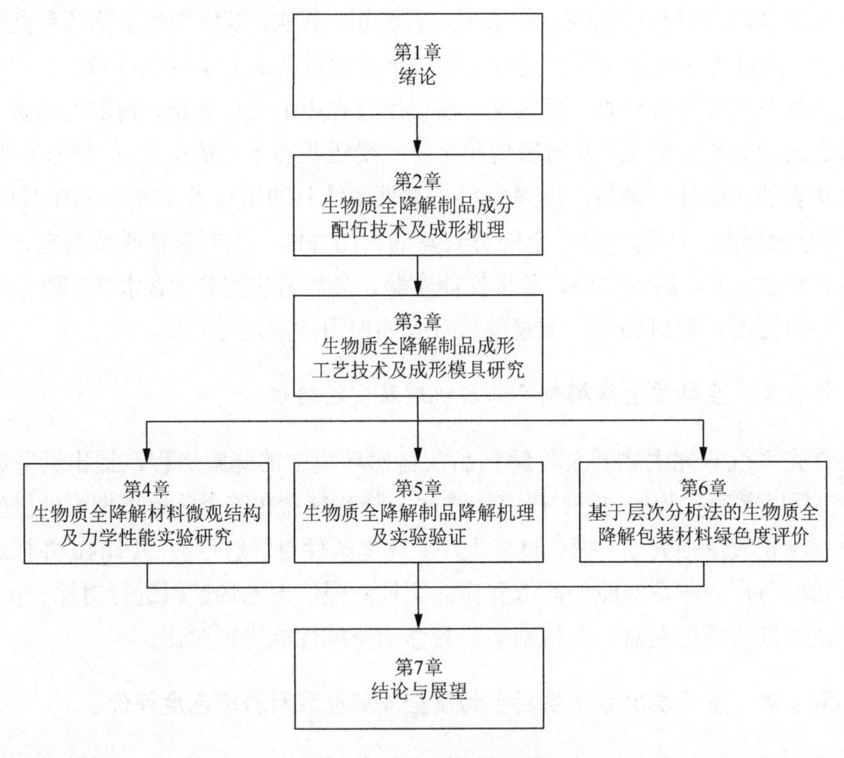

图 1-2　本书整体框架图

第2章　生物质全降解制品成分配伍技术及成形机理

针对生物质全降解制品材料成形机理、成分配伍方案不成熟的问题，本章在研究生物质全降解制品各原料物理化学特性的基础上，初步确定几种典型生物质全降解制品成分配伍技术方案。以热力学理论、高分子理论和胶体与界面化学理论等为指导，研究生物质全降解制品的发泡机理及过程，探讨生物质全降解制品的水桥连接成形机理，为后续研究提供理论基础。

2.1　成分配伍及制备技术

生物质全降解包装材料的原料主要包括植物纤维、天然淀粉和各种添加剂。植物纤维在产品发泡成形后起骨架作用，增强产品的韧性，天然淀粉的主要作用是配合发泡剂进行发泡成形，并黏结植物纤维和各种填料。植物纤维、天然淀粉、成形剂和水溶性液体的结构、极性及溶解度参数相差悬殊，各分子颗粒之间亲和力、相容性差，很难得到共溶均相体系，提高植物纤维与天然淀粉、成形剂之间的相容性，实现各原料成分的最佳配伍技术，是改善天然淀粉热稳定性的关键，也是保证生物质全降解材料制品各项性能指标的关键因素。

2.1.1　淀粉的结构及性质

1. 淀粉的结构

淀粉的分子式为$(C_6H_{10}O_5)_n$，它是由 D-葡萄糖组成的天然高分子聚合物，其相对分子质量可达数十万。淀粉的分子结构可分为支型和线型两部分，纯玉米淀粉支链分子含量约 70%，直链分子含量 27%～28%。

直链淀粉[29]：直链淀粉是一种线性多聚物，是由α-D-葡萄糖残基以α-(1,4)-

苷键链连接而成的链状分子，结构如图 2-1 所示。用不同的方法测得直链淀粉的相对分子质量为 3.2×10^4～1.6×10^5，甚至更大。此值相当于分子中有 200～980 个葡萄糖残基。天然直链淀粉分子式卷曲成螺旋状态，每一圈含有 6 个葡萄糖残基。

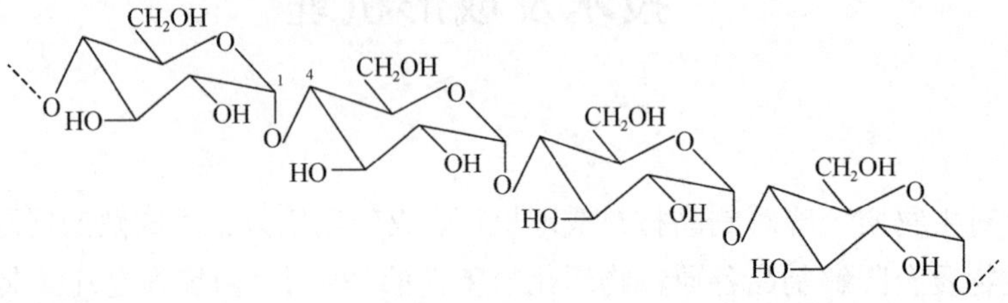

即

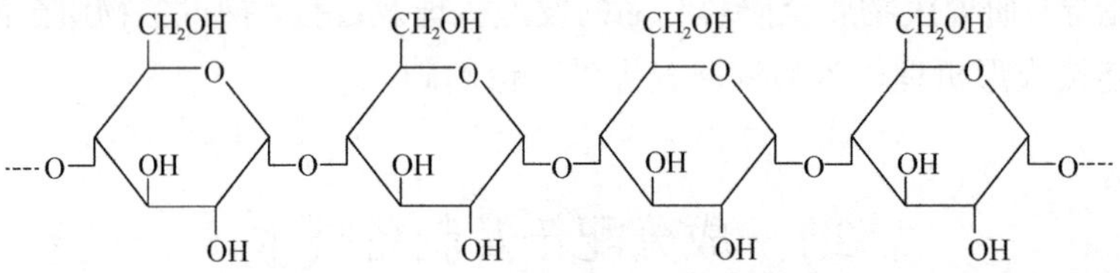

图 2-1　直链淀粉分子结构图

支链淀粉：支链淀粉具有高度分支结构，由线型直链淀粉的短链连接组成，支链淀粉的分子较支链淀粉大，相对分子质量为 1×10^5～1×10^6，相当于聚合度为 600～6000 个葡萄糖残基。支链淀粉分子形状如高粱穗，小分子极多，估计在 50 个以上，每个分支平均含 20～30 个葡萄糖残基，各分支也都是α-D-葡萄糖残基以α-(1,4)-苷键成链，蜷曲成螺旋，但分子接点上则为α-(1,6)-苷键，分支与分支之间间距为 11 或 12 个葡萄糖残基，其结构如图 2-2 所示。

2. 淀粉的性质

淀粉为白色粉末，其颗粒不溶于一般的有机溶剂，但能溶于二甲基亚砜[$(CH_3)_2SO$]和 N，N-二甲基甲酰胺[$HCON(CH_3)_2$]。淀粉吸湿性很强，它的颗粒具有渗透性，水和水渗液能自由渗入原粒内部。淀粉的来源不同，颗粒的大小和形状也不同。纯支链淀粉可均匀分散于冷水中，而直链淀粉与天然淀粉均不能。由于淀粉分子有大量的羟基，故淀粉具有亲水性。除亲水性外，这些羟基会相互吸引形成氢键。这是由于直链淀粉是含有羟基的直链聚合物，在分散或溶于水时呈现一些特殊性质。线型直链淀粉分子很容易互相并排，通过羟基形成链之间的氢键。当有足够多的链间氢键生产时，各个直链淀粉分子就缔合形成分子聚集体，

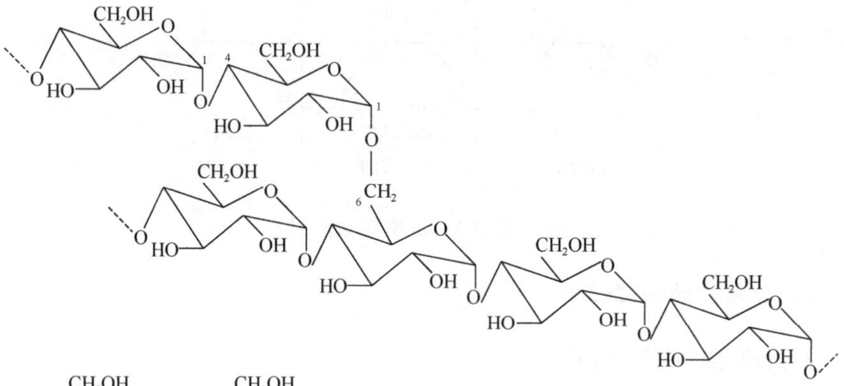

即

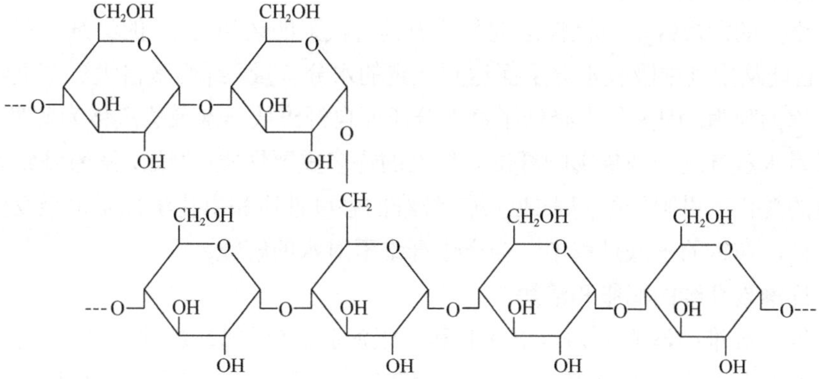

图 2-2　支链淀粉分子结构图

其水合能力降低，从而也降低了溶解度。因为支链淀粉是高度分支的，它不像直链淀粉那么容易发生退减作用或结晶现象，所以与直链淀粉相反，支链淀粉很容易扩散在水中，而不宜胶凝。

2.1.2　纤维素的结构及性质

1. 纤维素的结构

纤维素是 D-葡萄糖以 β-(1,4)-糖苷键组成的大分子多糖，相对分子质量 50000～2500000，相当于 300～15000 个葡萄糖基，分子式可写作$(C_6H_{10}O_5)_n$，其中 n 为聚合度。自然界中存在的纤维素 n 在 10000 左右，其结构式如图 2-3 所示。由图 2-3 可知，纤维素除头尾两个葡萄糖残基以外只含有三个游离的羟基：一个伯羟基，两个仲羟基，它们的反应活性是有区别的。伯羟基不参与分子内氢键的形成，但它可在形成相邻分子间氢键中起作用。

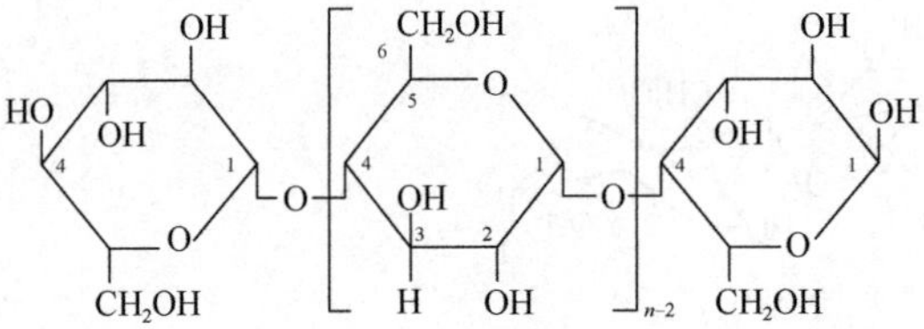

图 2-3　纤维素结构图

2. 纤维素的物理性质

1) 纤维素的吸湿与解吸

纤维素的游离羟基对极性溶剂和溶液具有很强的亲和力。干的纤维素置于大气中，它能从空气中吸收水分从而达到一定的水分含量。纤维素自大气中吸收水或蒸汽称为吸附。因大气中降低了蒸汽分压而自纤维放出水或蒸汽称为解吸。纤维素吸附水蒸气这一现象影响纤维素纤维的许多重要性质。例如，随着纤维素吸附水量的变化而引起纤维润胀或收缩，纤维的强度性质和电化学性质也会发生变化。另外，在纸的干燥过程中，会产生纤维素对水的解吸。

2) 纤维素纤维的润胀和溶解

纤维素纤维的润胀分为有限润胀和无限润胀。纤维吸收润胀剂的量有一定限度，其润胀的程度亦有限，称为有限润胀。无限润胀是指润胀剂可以进入纤维素的无定形区和结晶区发生润胀，但并不形成新的润胀化合物，因此对于进入无定形区和结晶区的润胀剂的量并无限制。纤维素的润胀剂多是极性的，因为纤维素上的羟基本身是有畸形的。通常水或 LiOH、NaOH、KOH、RbOH、CsOH 水溶液等可以作为纤维素的润胀剂，磷酸也可以导致纤维润胀。在显微镜下观察纤维的外观结构和反应性能，常通过滴入磷酸把纤维润胀后进行观察比较。其他的极性液体，如甲醇、乙醇、苯胺、苯甲醛等，也出现类似现象。一般来说，液体的极性越大，润胀的程度越大，但是上述几种液体引起的润胀程度都比水小。

纤维素的溶解分两步进行：首先是润胀阶段，快速运动的溶剂分子扩散进入溶质中；其次是溶解阶段，在纤维素无限润胀时即出现溶解，此时原来纤维素的 X 射线衍射图消失，不再出现新的 X 射线衍射图。纤维素可以溶解于某些无机的酸、碱、盐中。一般纤维素的溶解多使用氢氧化铜与氨或胺的配位化合物，如铜氨溶液或铜乙二胺溶液。纤维素还可以溶于以有机溶剂为基础的非水溶剂中。

3) 纤维素的热降解

纤维素在受热时产生聚合度下降，在大多数情况下，纤维素热降解时发生纤维素的水解和氧化降解，严重时还会产生纤维素的分解，甚至发生碳化反应或者石墨化反应。25～150℃时纤维素物理吸附的水开始进行解吸；150～240℃时纤维素结构中某些葡萄糖基开始脱水；240～400℃时纤维素结构中糖苷键开始断裂，一些 C—O 键和 C—C 键也开始断裂，并产生一些新的产物和低相对分子质量的挥发性化合物；400℃以上时纤维素结构的残余部分进行芳环化，逐步形成石墨结构。

3. 纤维素的降解性质

在各种各样的环境下，纤维素都有发生降解反应的可能，对于生产纤维素的制品，纤维素的降解反应有利有弊。为了化学工业方面的用途，一定量的降解，如碱纤维素老化时，降解作用控制着最终产品的性能。降解作用有以下几种不同类型，即酸水解降解、碱性降解、氧化降解、微生物降解。纤维素受微生物酶的作用后，使纤维素的聚合度下降发生降解作用。在用酶水解纤维素的研究中，希望能寻找一种成本低、效率高的方法，将纤维素水解成单糖、葡萄糖。

2.1.3　发泡剂

发泡剂是指在共聚物成形过程中产生大量气体(如 N_2、CO_2、CO 等)，使制品成为多孔结构的专用配合剂。具有微孔结构的高分子材料具有质轻、隔声、隔热和优良的机械阻尼性能，用途十分广泛。

化学发泡剂按其结构又分为无机化学发泡剂和有机化学发泡剂。无机化学发泡剂主要包括碳酸氢钙、碳酸氢铵和碳酸铵等。有机化学发泡剂主要包括偶氮化合物、亚硝基化合物和磺酰肼类化合物等十多个品种。有机化学发泡剂具有在聚合物中分散性能好，分解温度范围窄，分解放出的气体主要为氮气、不会燃烧爆炸、不易从发泡体中逸出等优点，使得有机化学发泡剂成为目前工业上使用最广泛的发泡剂。

性能评价对化学发泡剂来说，许多因素影响其发泡效果的好坏，其中两个最重要的技术指标是分解温度与发气量。分解温度决定着一种发泡剂在各种聚合物中的应用条件，即加工时的温度，从而决定了发泡剂的应用范围。这是因为化学发泡剂的分解都是在比较狭窄的温度范围内进行的，而聚合物材料也需要特定的加工温度与要求。发气量是指单位质量的发泡剂所产生气体的体积，单位为 mL/g，它是衡量化学发泡剂发泡效率的指标，发气量高，发泡剂用量可以相对少些，残渣也较少。

有机化学发泡剂所产生的气体主要是氮气，而无机化学发泡剂所产生的气体则有 CO_2、CO、NH_3、HO_2、H_2、O_2 等多种气体。聚合物的氮气透过率很小，因此氮气作为有效的发泡气体效果好。发泡剂的分解速率以及分解热也是影响发泡效果的重要因素。一般来讲，要根据聚合物黏度与温度的关系来选择与其相适应的发泡剂的分解速率；另外，当发泡剂的分解热较大时，聚合物内部的温度梯度比较大，使得内部温度太高而使聚合物的黏度降低，气泡破裂而造成泡孔不均匀，同时有可能引起聚合物内部变色甚至其物化性能改变，所以发泡剂的分解热越小越好。

2.1.4　其他添加剂

为保证生物质全降解制品的质量，以及产品在成形过程中顺利成形，原料中除植物纤维和淀粉外，还需加入其他添加剂来保证成形过程的顺利进行，主要包括表面活性剂、胶黏剂、填料、增塑剂和泡沫稳定剂等。

1. 表面活性剂

表面活性剂能够显著降低体系的表面能或表面张力，当浓度超过临界胶束浓度时，在溶液内部形成胶束，从而产生增溶、润湿、乳化、分散、起泡和洗涤等多方面的功能。从表面活性剂的定义可以看出，表面活性剂产生的特殊作用主要来源于两个方面：一方面是降低体系的表面张力，另一方面是胶束的形成[131]。

表面活性剂能够在极低的浓度下显著降低溶液的表面张力是与其分子的结构特点密不可分的。表面活性剂分子通常由两部分构成：一部分是疏水基团(hydrophobic group)，它由疏水、亲油的非极性碳氢链构成，也可以是硅烷基、硅氧烷基或碳氟链；另一部分是亲水基团(hydrophilic group)，通常由亲水、疏油的极性基团构成。这两部分分处于表面活性剂分子的两端，形成不对称的结构，因此，表面活性剂分子是一种双亲分子，具有既亲油又亲水的双亲性质。图 2-4 是阴离子、阳离子、非离子和两性表面活性剂典型品种的双亲分子结构示意图。它们的亲油基皆为长碳链的烷基，而亲水基则分别为$—SO_4^-$、$—N^+(CH_3)_3$、$—O(C_2H_4O)_6H$ 和$—COO^-$ 等。这样的分子结构使得它们一部分与水分子具有很强的亲和力，赋予表面活性剂分子的水溶性。而另一部分因疏水有自水中逃离的性质，因此表面活性剂分子会在水溶液体系中(包括表面、界面)发生定向排列。它们从溶液的内部转移至表面，以疏水基朝向气相(或油相)，亲水基插入水中，形成紧密排列的单分子吸附层，如图 2-5(a)所示，满足疏水基逃离水包围的要求，这个溶液表面富集表面活性剂分子的过程就是使溶液的表面张力急剧下降的过程。因为非极性物质往往具有较低的表面自由能，表面活性剂分子吸附于液体表面，用表面自由能低的分子覆盖了表面自由能高的溶剂分子，所以溶液的表面张力降低。随着表面活性剂浓度的增大，水表面逐渐被覆盖。当溶液浓度增加到一定值后，水表面全部被活性剂分子占据，达到吸附饱和，表面张力不再继续明显降低，而是维持基本稳定。此时表面活性剂的浓度再增加，其分子会在溶液内部采取另外一种排列方式，即形成胶束，如图 2-5(b)所示。

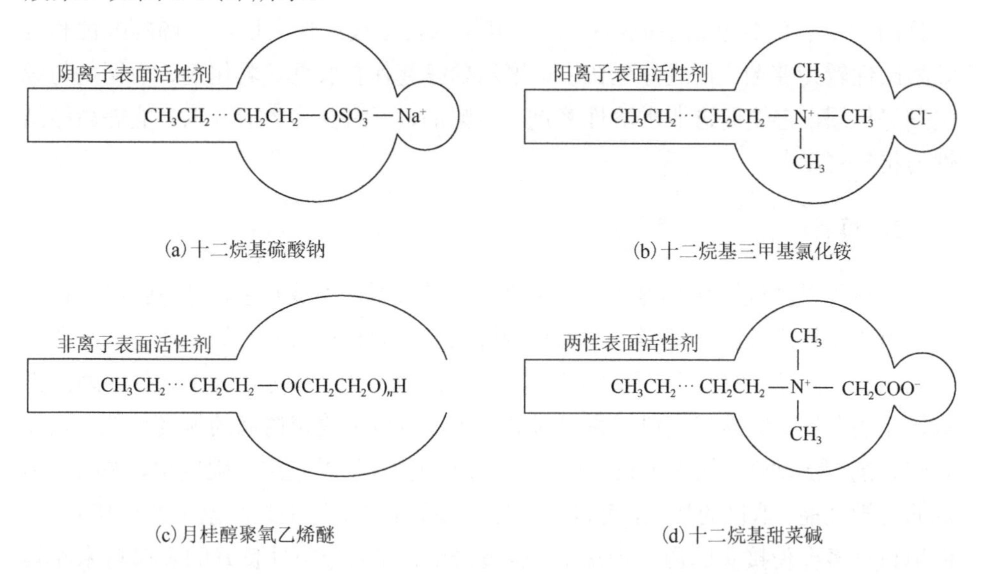

图 2-4　表面活性剂双亲分子示意图

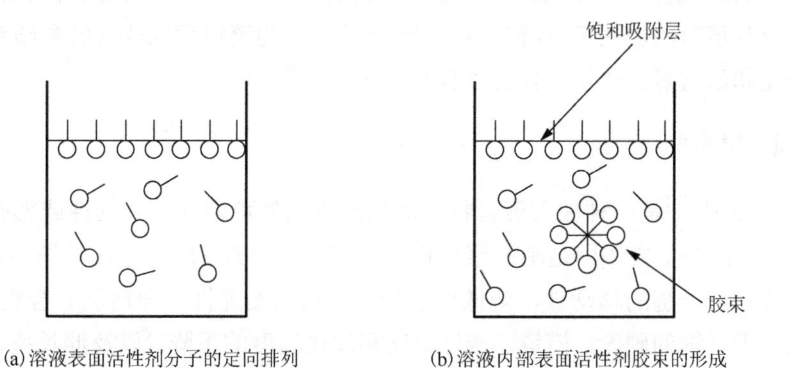

图 2-5　表面活性剂分子在表面的吸附和胶束形成示意图

2. 胶黏剂

淀粉胶黏剂[132]是以天然淀粉(如玉米淀粉、小麦淀粉、土豆淀粉、大米淀粉、木薯淀粉和甜薯淀粉等)为主剂，经糊化、氧化、络合以及其他改性技术制备的天然环保型黏结物质。淀粉胶黏剂类型较多，分类方法也不一致，最常用的有按原材料分类、按制备方法分类和按应用领域分类等。按原材料可分为玉米淀粉胶黏剂、小麦淀粉胶黏剂、土豆淀粉胶黏剂、木薯淀粉胶黏剂、大米淀粉胶黏剂、甜薯淀粉胶黏剂。其中又以玉米淀粉胶黏剂用量最大，其研究最为深入。按制备方法可分为糊化淀粉胶黏剂、膨化淀粉胶黏剂、氧化淀粉胶黏剂、共混酯化淀粉胶黏剂、共混接枝改性淀粉胶黏剂等。其中共混接枝改性又以聚乙烯醇改性和丙烯酸改性较为普遍。在成分配伍中，聚乙烯醇起保护胶体、乳化剂、增稠剂与成膜剂等作用，它能促进非水溶性溶剂、增塑剂、石蜡及油类的并入，能提高黏结性与抗拉强度。

3. 填料

填料可以降低固化收缩率，有的填料会降低固化中放热量，提高胶层的抗冲击、韧性和其他机械强度等。常用的填料主要是无机化合物，如金属粉末、金属氧化物、矿物等。加入填料可以增稠，避免在固化中因流动而造成缺胶或因此影响树脂的配比。纤维状填料增稠更显著。加入填料可改善树脂的触变性能，以控制胶黏剂的流动性。加入填料(选择适当颗粒大小)可以起到补强效果，提高胶黏剂的力学性能。填料的加入，可以显著提高黏结强度，特别是高温下的剪切强度，但填料过多会使接头的内应力增加、强度降低。加入导电性良好的金属粉末和具有磁性的金属粉末，可配制导电导磁胶黏剂，有的填料可以起到抗氧剂的作用。同时有些填料的加入可以降低树脂的吸水性。有的填料可以改善胶黏结头的耐湿热老化和耐盐雾的作用，使强度保持率很高[133]。

4. 增塑剂

增塑剂[134]是一种加入聚合物中能增加它们的可塑性、柔韧性或膨胀性的物质。增塑剂的主要作用是削弱聚合物分子间的次价键，即范德瓦耳斯力，从而增加聚合物分子链的移动性，降低聚合物分子链的结晶性，即增加聚合物的塑性，表现为聚合物的硬度、模量、转化温度和软化温度的下降，以及伸长率、挠曲性和柔韧性的提高。

增塑作用的微观机理认为，聚合物分子中主要是因为范德瓦耳斯力、氢键等作用使得其具有抵抗外界形变的能力，当聚合物中加入增塑剂时，在聚合物 -增塑剂体系中，其相互作用力发生了变化，这些分子间氢键力的作用对象发生了变化，除了聚合物分子与聚合物分子间的作用力Ⅰ外，又增加了增塑剂本身分子间的作用力Ⅱ以及增塑剂与聚合物分子间的作用力Ⅲ。通常，增塑剂是小分子，故作用力Ⅱ很小，可不考虑。关键在于作用力Ⅰ的大小。若是非极性聚合物，则作用力Ⅰ小，增塑剂易插入其间，并能增大聚合物分子间距离，削弱分子间作用力，起到很好的增塑作用；反之，若是极性聚合物，则作用力Ⅰ大，增塑剂不易插入，需要通过选用带极性基团的增塑剂，让其极性基团与聚合物的极性基团作用，代替聚合物极性分子间的作用，使作用力Ⅲ增大，从而削弱大分子间的作用力，达到增塑目的。

增塑剂分子插入聚合物大分子之间，削弱大分子间的作用力而达到增塑的目的，其实现有三种形式。

首先是隔离作用，非极性增塑剂加入非极性聚合物中增塑时，非极性增塑剂的主要作用是通过聚合物-增塑剂间的“溶剂化”作用，来增大分子间的距离，削弱它们之间本来就很小的作用力。降低非极性聚合物玻璃化温度 ΔT_g 是与非极性增塑剂的用量成正比的，用量越大，ΔT_g 降低越多，其关系如式(2-1)所示。由于增塑剂是小分子，其活动较大分子容易，大分子链在其中的热运动也较容易，故聚合物的黏度降低，柔软性提高。

$$\Delta T_g = BV \tag{2-1}$$

式中，B 为比例系数；V 为增塑剂的体积分数。

其次是相互作用，极性增塑剂加入极性聚合物中增塑时，增塑剂分子的极性基团与聚合物分子的极性基团相互作用，破坏了原聚合物分子间的极性连接，减少了连接点，削弱了分子间的作用力，增大了塑性。其增塑效率与增塑剂的摩尔数成正比，如式(2-2)所示。

$$\Delta T_g = Kn \tag{2-2}$$

式中，K 为比例常数；n 为增塑剂的摩尔数。

最后是遮蔽作用，非极性增塑剂加入聚合物中增塑时，非极性增塑剂分子遮蔽了聚合物的极性基团，使相邻聚合物分子的极性基团不发生作用，从而削弱聚合物分子间的作用力，达到增塑目的。

实际上，在一种增塑过程中，上述的三种增塑作用不可能截然划分，可能同时存在几种作用。增塑剂的种类繁多，性能用途各异，按化学结构分类主要包括有机酸酯类、磷酸酯类、聚酯酸类、环氧酯类、含氯化合物类和其他增塑剂。

5. 泡沫稳定剂

泡沫稳定剂一般是指具有两性基团的表面活性剂。由于它们并未被树脂有效润湿，因此表面张力及界面张力较低，从而使气体易于逸出，并使材料内部压力降低。泡沫与乳状液一样因其巨大的比表面积和表面能而成为热力学不稳定体系，泡沫总有自发减小其表面积的趋势，因此热力学最终的稳定状态为泡沫被破坏，气液完全分离的两相状态，故所谓稳定只是动力学意义上的。然而，泡沫的稳定性又有其特殊性，因为气泡的破裂原因是液膜的排液引起液膜强度的降低而破坏，所以可以说任何影响液膜排液速率和液膜强度的因素均影响泡沫的相对稳定性。因为液膜排液的最终结果仍是导致液膜强度破坏，所以归根结底液膜的强度是泡沫稳定性的关键因素。能够保证湿料具有足够的黏性，发泡剂产生气泡后，气泡会保持在湿料中不逸出，从而在湿料内部形成气孔，达到发泡效果。

2.1.5 制备过程

生物质全降解制品的生产是一项涉及化工科学、机械科学和材料科学等学科的综合性技术，结合本章生物质全降解制品的成形机理，本书采用模压发泡成形的工艺技术，具体制备过程如下。

首先，植物纤维、淀粉和添加剂按比例和水进行混合搅拌，形成湿料，混合后的湿料如图 2-6 所示。

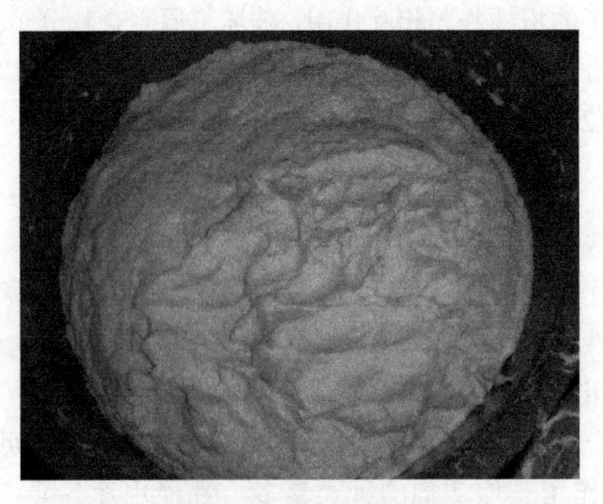

图 2-6 混合后的湿料

其次，将定量的湿料置于金属模具中，如图 2-7 所示。上下模板在上下加热板的加热作用下具有较高的温度，上下模具合模。随着湿料温度上升，湿料中的发泡剂开始分解发气，温度继续上升，发气量逐步加大，使模具内湿料水分蒸发形成水蒸气，在制品中形成气泡和泡孔，同时湿料中的黏合剂及其他助剂也发生作用，有效保住气泡并形成分布均匀的、稳定的泡体结构。

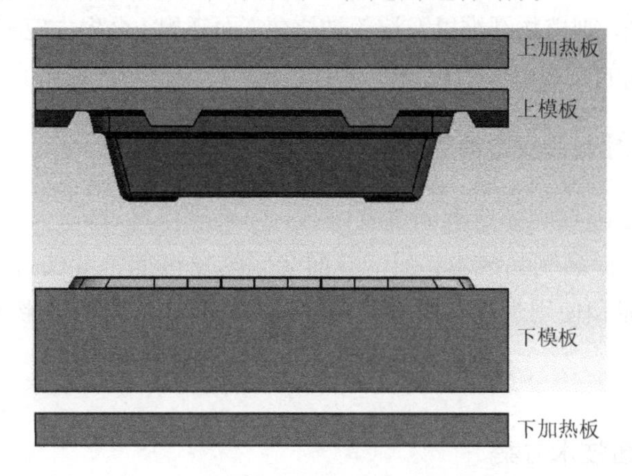

图 2-7　成形模具结构

最后，成形结束后，上模板打开，取出产品。等待投料后模具进入下一个循环，产品进入喷涂工序。

2.1.6　制品成形影响因素

结合上述生物质全降解制品的成形过程可以得出：在成形工艺技术过程中影响生物质全降解制品的主要因素包括：成形温度、模具压力、成形时间和投料量等。

1. 成形温度对制品成形的影响

生物质全降解材料成形后气泡的均匀度是评价材料的重要指标。温度过低，容易造成材料内部没有气泡或气泡较少，影响材料密度和韧性；温度过高，一方面会使发泡剂反应过快不易控制，另一方面容易对材料中的纤维及淀粉造成不良影响。

2. 模具压力对制品成形的影响

若使放入模具中的湿料成形后充满整个型腔，则在湿料成形过程中上下模具合模要求保持一定的压力。模具压力过大，会过度消耗动力能量；模具压力过小，上模会被湿料发泡形成的高压冲开，形成产品的毛边，不能保证产品质量。

3. 成形时间对制品成形的影响

成形时间是指加料、合模、成形、脱模以及模具清理等工序需要的时间。在制品的发泡成形过程中，若成形时间不够，则物料不能完全熟化和固化，无法成形；若成形时间过长，则植物纤维以及淀粉被烧焦，面泛黑，会失去应有的光泽和白度。同时，成形时间的长短对于大规模提高生产效率、降低生产成本具有重要意义。

4. 投料量对制品成形的影响

投料量也是影响制品成形的重要因素，如果投料量过大，一方面会造成发泡材料大量浪费，提高制品成本；另一方面会因为发泡剂含量过高，发泡过度而影响产品力学性能和使用性能。如果投料量过少，会导致产品成形不均匀，影响产品质量。

2.1.7 成分配伍技术方案

在 2.1.1～2.1.6 节中研究了原料特性和成形机理，并在合作单位进行了大量实验工作的基础上，初步确定了几种典型生物质全降解制品成分配伍方案，如表 2-1 所示。

表 2-1 几种典型生物质全降解一次性餐饮具制品成分配伍方案

项目	7in[①]圆盘	Φ180mm 冷面碗	450mL 矩形餐盒	方便面碗	600mL 圆餐盒	四格托盘
淀粉/%	50	65	40	60	65	60
填料/%	30	–	30	–	10	23
纤维/%	10	20	10	30	15	10
发泡剂/%	0.1	0.1	0.2	0.1	0.1	0.1
增塑剂/%	3	5	3	5	3	3
表面修饰剂/%	0.5	0.5	0.5	0.5	0.5	0.9
强度调节剂/%	2	1	1	1	1	1
纤维分散剂/%	0.5	0.5	0.5	0.5	0.5	0.5
乳化稳定剂/%	2	1	2	2	2	2

① 1in=2.54cm。

2.2　四步式发泡机理

2.2.1　理论基础

1. 热力学第一定律

在热力学中，要研究系统从一种状态变化到另一种状态时发生的能量变化。能量具有各种不同的形式，它们之间可以相互转化，在转化过程中能量的总值不变，这就是热力学第一定律，其数学表达式如式(2-3)所示。

$$\Delta U = Q + P \tag{2-3}$$

式中，ΔU 为系统终态和始态的热力学能差；Q 为环境与系统传递的热；P 为环境与系统传递的功。

式(2-3)表明，系统热力学能的变量等于变化过程中环境与系统传递的热和功的总和。系统热力学能增加 ΔU 为正值，系统热力学能减少 ΔU 为负值。

2. 焓

为了研究恒温、恒压条件下化学反应吸收或者放出的热而定义一个新的函数，用符号 H 表示。焓 H 与热力学能的关系如式(2-4)所示。

$$H = U + PV \tag{2-4}$$

由于 U、P、V 都是系统的状态函数，所以焓 H 也是状态函数，且具有能量的单位 J 或者 kJ。焓的变化值如式(2-5)所示。

$$\Delta H = \Delta U + \Delta(PV) \tag{2-5}$$

在恒温、恒压、只有体积功存在的条件下，$\Delta(PV)$ 就等于体积功，将热力学第一定律公式代入式(2-5)中可得式(2-6)。

$$\Delta H = Q_P \tag{2-6}$$

式(2-6)表明：在恒压和只有体积功的过程中，封闭系统从环境所吸收的热等于系统的焓变，因此在恒压、只有体积功时化学反应热可以用焓变来描述。焓的绝对值是不能测定的，在实际应用中，涉及的都是焓变 ΔH 。对于吸热反应，$\Delta H > 0$；对于放热反应，$\Delta H < 0$。

3. 熵

熵是用来表征系统混乱度的，用 S 表示。系统的混乱度越大，熵值越大。过程的熵变 ΔS，只能取决于系统的始态和终态，而与途径无关。虽然很多状态函数(如焓、热力学能)的绝对值是无法测量的，但熵的绝对值是可以测定的。根据热力学第二定律：在孤立系统的任何自发过程中，系统的熵总是增加的。熵是表达系统混乱度的热力学函数。纯净物质的完美晶体，在热力学温度 0K 时，分子排列整齐，且分子任何热运动也停止了，这时系统完全有序化。据此，在热力学上总结出一条经验规律：在热力学温度 0K 时，任何纯物质完美晶体的熵值等于 0。

有了热力学第二定律，就能测定任何物质在温度 T 时熵的绝对值，如式(2-7)所示。

$$S_T - S_0 = \Delta S \tag{2-7}$$

式中，S_T 表示温度为 T 时的熵值；S_0 表示 0K 时的熵值，由于 $S_0 = 0$，所以可得式 (2-8)。

$$S_T = \Delta S \tag{2-8}$$

这样，只需求得物质从 0K 到 T 的熵变 ΔS，就可得该物质在 T 时熵的绝对值。

4. 吉布斯方程式

对于一单元组分的体系，其表面能是总能量的一个重要组成部分，而表面能是与体系的表面积成正比的，下述的吉布斯方程式(2-9)给出了自由能的变化[134]。

$$\mathrm{d}G = V\mathrm{d}p - S\mathrm{d}T - \gamma \mathrm{d}A \tag{2-9}$$

式中，γ 为液体的表面张力；A 为每摩尔物质的表面积。

由式(2-9)可以看出，当温度与压力为常数时，自由能的变化只与体系表面积的变化有关，以式(2-10)表示。

$$\gamma = \left(\frac{\partial G}{\partial A}\right)_{pT} \tag{2-10}$$

由积分式(2-10)可得到式(2-11)。

$$\Delta G = \gamma \Delta A \tag{2-11}$$

式中，ΔG 为恒温恒压下自由能的变化。

对于单一组分的体系，γ 为常数，当有泡沫产生时其表面积激增，会造成吉布斯自由能增加。众所周知，稳定的体系趋向于自由能减小，熵增加，因此纯净液体产生的气泡在热力学上是不稳定的，它只有短暂的寿命。物质中若含有表面活性剂，在形成泡沫时，表面活性剂分子能从水中迁移到泡沫表面上，使其表面张力降低，从而降低其自由能，克服了形成泡沫、表面积增大而使得自由能增加的倾向。因此，就使得这样的体系产生的泡沫比纯净液体产生的泡沫稳定得多，同时其寿命也长得多。必须指出的是，单纯的表面活性剂水溶液所产生的泡沫在热力学上仍是不稳定的，它只能部分克服由泡沫形成造成的自由能增加，因此也只能延长泡沫的寿命，最终都会凝聚、破裂与消失。事实证明，单纯表面活性剂的存在尚不足以克服重力和其他能毁灭气泡因素的影响，而使泡沫得以稳定。液体在重力的作用下能从气泡壁上流下，使气泡壁越来越薄而易于破裂。如果增加液体的黏度，则可以在一定程度上抑制此现象的发生。同理，挥发也能降低泡沫的稳定性，因此低挥发性的组分也能改善泡沫的稳定性。

5. 浮选理论

“浮选理论”[135]对气泡成长过程、尺寸和分布的稳定性进行了分析。对气泡来说，纯净液体小气泡生成后立即会产生兼并的趋向。若气泡是游离的，则在浮力作用下在液体中升起。当液体含溶解的表面活化剂时，气泡的兼并会受到强烈的阻碍，甚至完全停止，形成湿泡沫或泡沫。用表面活性物质防止兼并，通过气泡的稳定、在溶液内的整体性分布，防止气泡上升逃逸。同时，液体的黏度与湿泡沫稳定性之间也存在密切联系。因此，在控制措施中，表面活性剂的使用和溶液黏度的控制是十分重要的。气泡的尺寸可以通过调整气泡的浓度来控制。不同的发泡剂对气泡尺寸的作用存在差异。气泡在成长过程中由于表面张力和内外压差的作用，对周围的纤维具有顶举的作用。同时，由于气泡表面的吸附作用，可以将纤维吸附在气泡表面。

在平衡条件下，液体中的单个气泡采取使体系自由能最低，即气/液界面表面积最小(近于球体)的形状。气泡内外压差如式(2-12)所示。

$$P_1 - P_2 = \gamma_{气/液}\left\{\frac{1}{R_1}+\frac{1}{R_2}\right\} \tag{2-12}$$

即杨-拉普拉斯(Young-Laplace)公式，R 为凹面(气泡内)压力，P_2 为凸面压力；压力差 $P_1 - P_2$ 与界面张力 $\gamma_{气/液}$ 及两个主要曲率半径 R_1 和 R_2 联系到一起。由于小气泡的直径很小，通常为 0.1～0.5mm。因此，其压差值是很大的，它使得在小气泡内部不存在游离的颗粒物质，即气泡生成时对液体内的颗粒物有排斥到气泡外的作用。

6. 造纸湿部化学理论

造纸湿部化学主要是运用胶体化学和表面化学理论来描述造纸配料中各组分的特性和作用规律。组成浆料的各组分中，除纤维以外，其余的组分颗粒直径均在胶体粒子范围内，即直径小于 10μm。胶体颗粒具有很大的比表面积，所以这些组分具有很强的吸附能力。大部分的造纸化学反应都发生在这些颗粒的表面，因此在湿部成形过程中发生的各种变化主要涉及胶体化学和表面化学的反应。

造纸浆料各组分间的主要反应如下。

(1) 纤维、填料和细小纤维的聚集。

(2) 溶解的聚合物分子在纤维、细小纤维和填料上的吸附。

(3) 树脂和施胶剂分子的聚集。

(4) 树脂和施胶剂分子在纤维、细小纤维和填料上的吸附。

(5) 悬浮和溶解性的阴离子物质表面负电荷的中和。

(6) 溶解性的无机盐和非溶解性的粒子化合物之间的平衡。

(7) 组分中表面活性剂分子胶束的形成和应用。

(8) 纤维、细小组分等对水的吸附作用。

以上这些化学反应受到表面活性剂、树脂和施胶剂、纤维和浆料特性的相互影响，不同的电荷分布、pH 都将影响纤维与相关各物质成分的关系，最终影响纸的质量[136,137]。

生物质全降解制品的发泡成形是一个复杂的热动力学过程，其成形过程如图 2-8 所示。从图 2-8 可以看出，发泡剂的物理状态经历了多次变化：首先，植物纤维和淀粉形成均相体溶液；随后，在发泡过程中发生相分离，得到生物质全降解材料。因此，可以认为在生物质全降解制品制备过程中，发泡剂起到“催化剂”的作用[138]。生物质全降解制品发泡成形过程主要包括发泡剂和其他原料的溶解、气泡成核、气泡增长和稳定、固化定型等四个步骤，这里称为四步式发泡机理。

发泡材料气泡成形过程如图 2-9 所示。在图 2-9(a) 阶段为气泡核形成阶段。在该阶段，体系内部加入胶黏剂、成核剂、发泡剂等助剂后，聚合物熔体与发泡剂分子均匀混合，发泡剂通过在熔体中自由分散或在成核剂的催化作用下，形成气泡核。理想状态下，每一个发泡剂分子都可以形成一个气泡核。图 2-9(b) 阶段为气泡核的膨胀生长阶段。在该阶段，气泡核形成以后，通过发泡剂的化学反应产生气体，在聚合物体系内部开始发泡。发泡剂通过温度不断升高来释放气体，随着温度逐渐升高，加入在聚合物体系内部的胶黏剂中的水分逐渐减少，聚合物体系的黏性逐渐增加直至固化。图 2-9（c）阶段为气泡稳定固化阶段。在该阶段中，聚合物体系逐渐固化，作为气泡核的发泡剂逐渐反应完成，达到最大发泡量和气泡体积，最终形成理想的发泡材料。

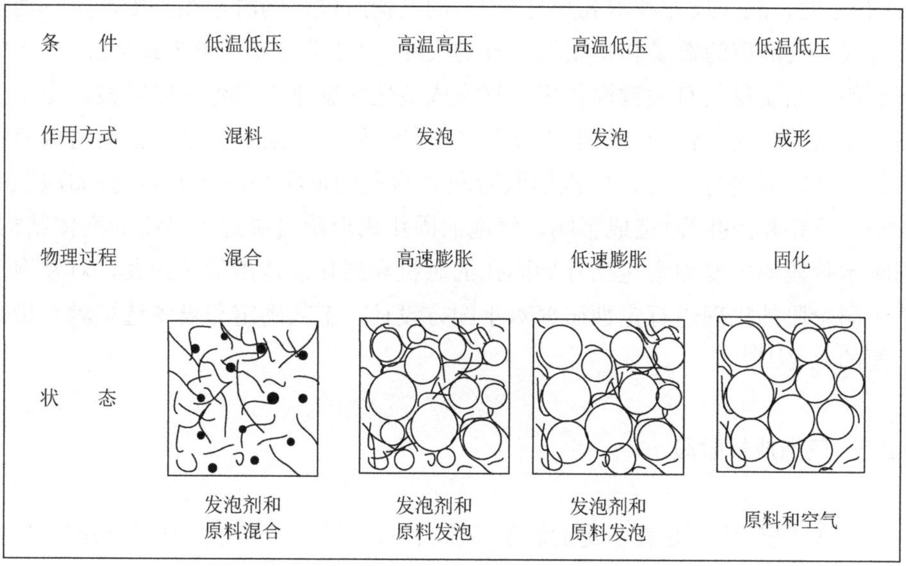

条　件	低温低压	高温高压	高温低压	低温低压
作用方式	混料	发泡	发泡	成形
物理过程	混合	高速膨胀	低速膨胀	固化
状　态				
	发泡剂和原料混合	发泡剂和原料发泡	发泡剂和原料发泡	原料和空气

图 2-8　生物质全降解制品发泡成形过程示意图

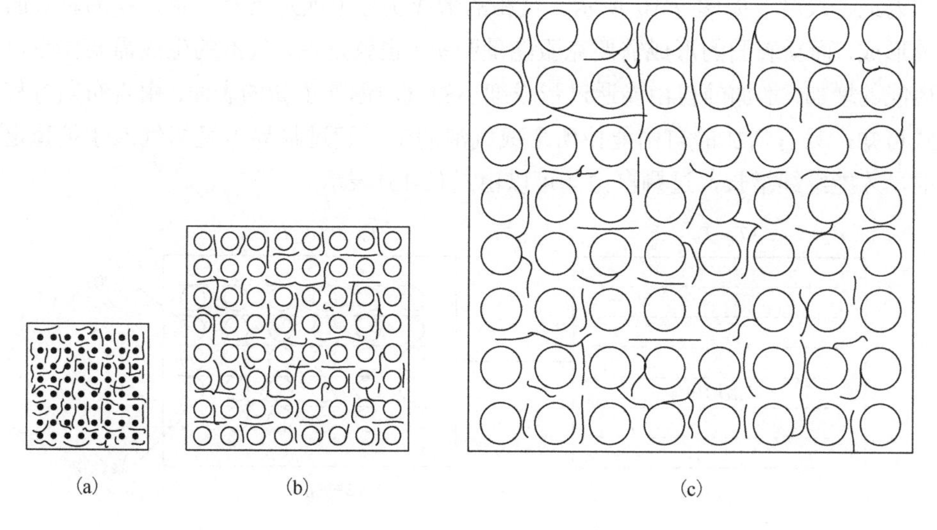

图 2-9　发泡材料气泡成形过程

发泡过程中首先要确保发泡剂在原料混合阶段中充分溶解，形成均相体，随后要在均相体中产生大量均匀分布的气泡核，气泡核生成后要经历快速增长，然后定型和固化。在成形过程中，由于气液共存的体系通常是不稳定的，气泡核出现后可能发生膨胀、塌陷等现象，其间的影响因素很多。气泡成核是在生物质全降解湿料中产生大量初始气泡核的过程，该阶段是控制泡体质量(泡孔密度、泡孔尺寸和泡孔尺寸分布)的关键阶段，同时，该阶段产生气泡核的方式、气泡核的数量和初始气泡核的尺寸(尺寸非常小，纳米或埃级)对于成形后的产品质量具有关键性作用。气泡成核之后就进入气泡膨胀阶段，由于成核和膨胀的时间非常短，一般为几分之一秒，所以在某种程度上很难将成核与膨胀两个阶段进行区分，气泡膨胀阶段对泡孔的形状和泡体的结构(如泡孔的大小、开孔和闭孔等)造成影响。气泡的固化成形阶段决定了最终的泡体结构，影响本阶段的主要因素包括开始固化的时机和固化的速度等。因此，对发泡过程不同阶段的机理进行定性研究对于配方设计、工艺确定和设备选型具有极其重要的意义[139]。

2.2.2 气泡成核阶段

气泡成核[140-142]是在一定的温度和压力下，因气体的溶解度达到极限，气相趋向于从共溶均相分离出来的过程。在该过程中，聚合物基体中由较小的气体分子簇形成稳定的具有明显孔壁的细小气泡，在共溶均相中形成气体相，泡核的尺寸为纳米尺度，如图 2-10 所示。气相的形成实际上就是具有一定体积的新表面的形成，而新表面的形成需要克服能量壁垒，也就是说，气泡的生成需要体系自由能的增加，增加的自由能通过形成细小的气泡创建了新的表面。由吉布斯方程式可知，只有增加的自由能使所形成气泡的半径超过临界半径的气泡才是稳定的，才能继续增长，过剩自由能可以由式(2-13)表示。

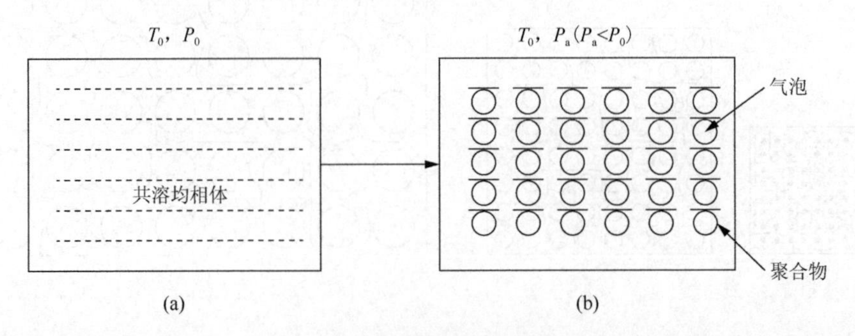

图 2-10 气泡成核示意图

$$\Delta G = -V_b \Delta G_V + A\sigma \tag{2-13}$$

式中，V_b 为气泡核的体积；G_V 为气相和共溶均相体的单位体积标准吉布斯自由能的差；σ 为液体或者共溶均相体的表面张力；A 为界面面积。

气泡成核过程对控制泡体结构起着至关重要的作用，若在共溶均相体中能同时出现大量均匀分布的气泡核，气泡的成核速率将非常高，因此，常常会得到密度高、尺寸细小、分布均匀的优质泡体，也就是说气泡的成核行为比较好。若共溶均相体中的气泡核不是同时出现，而是逐步出现的，不但气泡的成核速率低，并且数量较少，得到的常常是泡孔尺寸大、分布不均匀、泡孔密度小的劣质泡沫体，也就是说气泡的成核行为比较差。因此，为了得到优质泡体结构的生物质全降解材料，就应该在发泡成形过程中尽可能提高气泡的成核速率和成核密度。成核密度是决定泡孔密度的关键因素，只有气泡的成核速率高，成核的密度才能很高，最终的泡孔密度才有可能提高。根据发泡体系中是否添加成核剂，气泡成核可以分为均相成核、异相成核和混合成核三种机理。均相成核不添加成核剂，气泡成核由体系所产生的热力学不稳定性诱发。异相成核添加成核剂，气泡成核由成核剂在体系中所形成的成核点诱发。混合成核是指发泡体系中既诱发了热力学不稳定性又添加了成核剂，此时均相成核和异相成核均会发生，两者将产生竞争，何种成核行为占据支配地位取决于发泡的条件和工艺。

本书发泡技术没有加入成核剂，属于均相成核，所以仅讨论均相成核的机理。在均相成核发生时，足够数量的溶解气体分子簇形成一个临界的气泡半径产生了跨越阻力区的趋势，同时体系的热力学不稳定性是均相成核的驱动力，如图 2-11 所示。热力学不稳定性通常通过体系压力的突然降低实现，因此球形气泡的形成阻力最小。对于均相成核，式(2-13)中描述吉布斯自由能的方程可以表示为式 (2-14)。

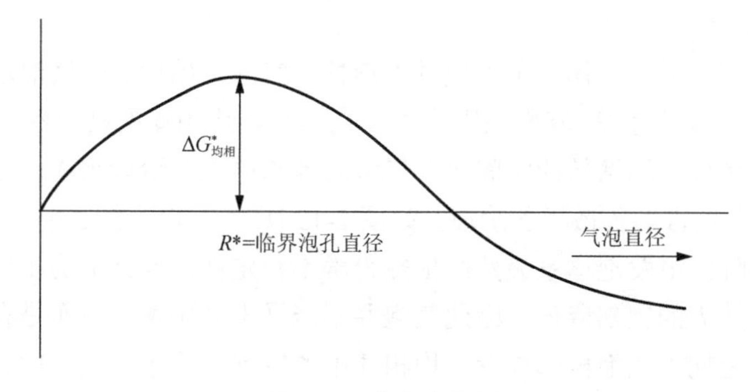

图 2-11　均相成核图

$$\Delta G = -\frac{4}{3}\pi R^3 \cdot \Delta P + 4\pi R^2 \sigma \tag{2-14}$$

式中，R 为气泡半径；ΔP 为压力降；σ 为基体表面张力。

ΔG 的最大值称为 $\Delta G^*_{均相}$，是产生临界尺寸 R^* 时的自由能，也是其他分子形成临界气泡核的自由能。

令 $\frac{\partial \Delta G}{\partial R} = 0$，则气泡核的临界半径为

$$R^* = \frac{2\sigma}{\Delta P} \tag{2-15}$$

假定球形的泡核成核时的阻力最小，则均相成核的活化能为

$$\Delta G^*_{\text{homo}} = \frac{16\pi\sigma^3}{3\Delta P^2} \tag{2-16}$$

式中，$\Delta P = P_{\text{sat}} - P_{\text{s}}$，为过饱和压力；$P_{\text{sat}}$ 为气体在熔体中的饱和压力；P_{s} 为成核发生时的压力，通常为大气压。

根据 Colton 和 Suh 的经典成核理论，均相成核速率的表达式如式(2-17)所示。

$$N_{\text{homo}} = f_0 C_0 \exp\left(\frac{-\Delta G^*_{\text{homo}}}{kT}\right) \tag{2-17}$$

式中，f_0 为气体分子进入临界气泡核的速率因子；C_0 为气体分子的浓度。

从式(2-17)可以看出，无论是临界泡核的半径还是临界自由能，都随过饱和压力增加而减小，从物理上这意味着聚合物中的大量气体更加容易成核。同理，压力降低得越多，气泡的成核速率越高。

2.2.3 气泡增长阶段

气泡成核之后，气体分子扩散进入泡核，气泡开始增长，气泡增长过程是非常复杂的动力学过程，其影响因素主要包括共溶均相体的黏弹性、气体浓度、发泡温度、允许气泡增长的时间等。气泡的增长由三个阶段组成：延迟增长阶段、初始增长阶段、扩散增长阶段，如图 2-12 所示。在图 2-12 中，a 为延迟增长阶段，该阶段中发泡体系突然产生热力学不稳定性，但共溶均相体的黏性和弹性阻碍了压力的突然降低，因此气泡并不能马上开始增长，而是存在一个时间极短的延迟期。气泡核形成后，均相体中的发泡剂分子扩散其中，它们即开始快速增长，进入初始增长阶段，这一阶段的增长速率主要依靠共溶均相体的

黏度来控制，需要均相体自身来抵挡气泡内部的压力。若黏度较低，则产生快速，几乎是爆炸性的初始增长。若均相体温度和发泡剂浓度较低也可以增加熔体的黏度，减缓初始增长速率，有助于稳定该阶段的气泡增长。该阶段可持续大约 1s，拉伸速率可以超过 $10000s^{-1}$。初始增长阶段完成后，在增长气泡周围的发泡剂立即被消耗完毕，距离气泡较远的气体分子需要扩散到增长的气泡点处，由于扩散路径的增加减缓了气泡增长的速率，气泡增长也就步入了扩散增长阶段。在该阶段中，尽管共溶均相体黏度依然具有影响作用，但控制该阶段速率的主要因素是发泡剂气体扩散到增长气泡点处的速率。同时，由于扩散需要时间，且该阶段的气泡增长速率小于初始增长阶段，所以气泡的尺寸增长幅度减缓。

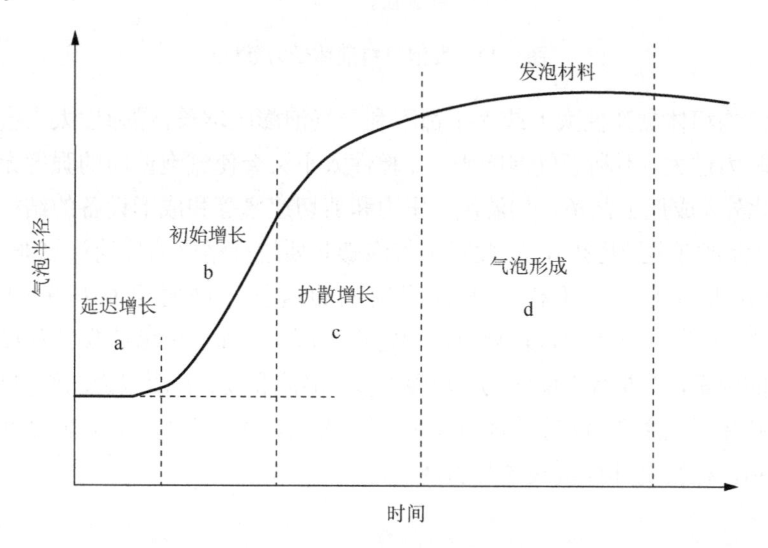

图 2-12　气泡增长的三个阶段

在气泡增长阶段，气相已经形成，膨胀的动力来自气泡内压，膨胀的阻力来自共溶均相体的黏弹性、外压和表面张力。聚合物发泡过程中泡体受力如图 2-13 所示。从图 2-13 中可以看出，整个泡体在形成过程中，泡体外壁同时分别受到聚合物体系给予泡体的外部压力，以及内部核心发泡剂发泡产生的气体给予泡体的内部压力。在气泡核形成阶段，由于没有足够高的温度，所以由发泡剂分子形成的气泡核没有反应产生气体，此时尚无泡体外壁的形成。在气泡核的膨胀生长阶段，内部气泡核受热分解产生气体，使得内部压力逐渐增大，形成泡体外壁并使得泡体逐渐胀大。随着温度的逐步升高，聚合物体系逐渐固化，形成逐渐加大的外部压力。最后在气泡的稳定固化阶段，这种逐渐加大的外部压力与内部压力达到平衡后，形成固定大小的泡孔，发泡过程完成。

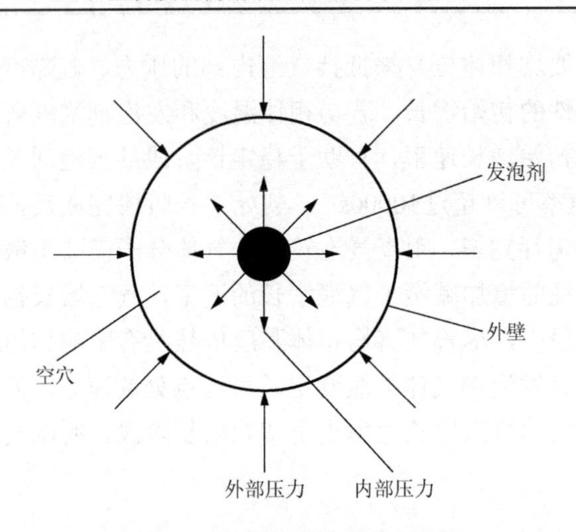

图 2-13 发泡材料泡体受力分析

共溶均相体黏弹性太大或太小都不利于气泡膨胀增长，黏弹性太大会使气泡膨胀的阻力过大，不利于气泡膨胀；黏弹性太小又会使气泡壁面的强度无法包住气体。此外，成形工艺条件如温度、压力和剪切速率等和成形设备的结构参数等都对气泡膨胀有强烈影响，因此对于气泡膨胀要进行精确的理论计算非常困难，目前研究大多提出理论模型来预测气泡的增长，同时进行相关的实验验证[143,144]。在发泡过程中，影响泡体稳定性的因素，即影响液膜保持厚度和表面膜强度的因素，主要有表面张力、表面黏度、溶液黏度、表面张力的修复作用等。泡沫的破坏形式主要有泡孔的合并、破裂、塌陷、气体逃逸等，它们之间没有明显的区别，往往是几种形式同时出现。

2.2.4 气泡塌陷和破裂

气泡成核并开始增长后，因为气液相共存的体系在热力学上并不是一个稳定的体系，所以已经形成的气泡可以发生继续膨胀、并泡、塌陷、破裂等状况。气泡增长过程中发泡剂气体进行扩散的三种方式如图 2-14 所示。其中，图(a)气体通过泡体表面扩散到大气中；图(b)气体从熔体中扩散到气泡内；图(c)气体从小气泡中向大气泡中扩散。一个稳定增长的气泡，在共溶均相体中的受力遵循式 (2-18)的平衡关系[145]。

$$P_{\text{cell}} + \tau(R) = P_{\text{polymer}} + \frac{2\sigma}{R} \tag{2-18}$$

式中，P_{cell} 为气泡内压；$\tau(R)$ 为均相体应力；P_{polymer} 为均相体中的气体压力；σ 为聚合物-气泡的界面张力。

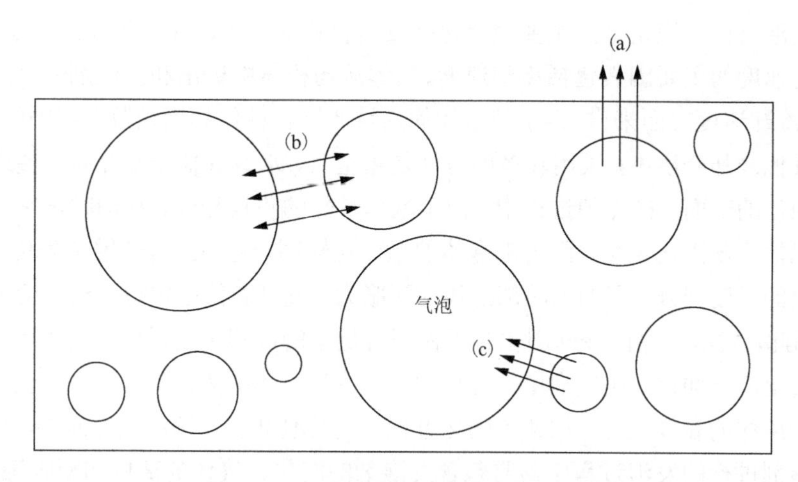

图 2-14　发泡过程中气体分子扩散方式

由图 2-14 和式(2-18)可知，若均相体中的气体压力 $P_{polymer}$ 过低，则气泡内的气体将会向均相体扩散，导致气泡塌陷。若 $P_{polymer}$ 增加，均相体中的气体将向气泡中扩散，使气泡膨胀，$P_{polymer}$ 越大，均相体中的气体向气泡内扩散的速度越大，就会导致气泡的膨胀速度快速增长。如果此时泡孔壁面的强度无法支撑膨胀的负载，或者说均相体的黏弹性不足，气泡将会发生破裂，这种情况多发生在气泡初始增长阶段。

若相邻气泡间尺寸不等，则气泡状态很不稳定。在外界条件相同的情况下，小气泡中的气体压力要比大气泡中的气体压力大，两者的尺寸相差越大，P_{cell} 的差值也越大，因此小气泡中的气体容易向大气泡扩散，其差值可以用式(2-19)表示。

$$\Delta P = P_{cell小} - P_{cell大} = 2\sigma \frac{R_{大} - R_{小}}{R_{大} R_{小}} \tag{2-19}$$

式中，$P_{cell小}$ 为小气泡内压；$P_{cell大}$ 为大气泡内压；$R_{小}$ 为小泡孔半径；$R_{大}$ 为大泡孔半径。

从式(2-19)可知，气泡的半径差值越大，ΔP 越大。ΔP 越大意味着小气泡中的气体更易于向大气泡扩散，使小气泡并入大气泡的可能性增大。因此，均相体中泡孔的大小差异越大，气泡的增长就越不稳定。

2.2.5　固化定型阶段

发泡材料的固化定型阶段对其最终性能和尺寸稳定性具有重要意义。固化定型过程是一个纯物理过程，一般是通过冷却使熔体的黏度上升，逐渐失去流动性。

影响发泡材料气泡定型的主要因素包括发泡材料的开始固化时机和固化速度。影响固化速度的主要因素包括冷却速度、气体从均相体中析出和发泡剂的分解汽化等。从冷却速度方面来讲，为了使泡体的热量通过各种传热途径散入周围的空气、水或其他冷却介质中，采用较多的方法是用空气、水或其他冷却介质直接或间接冷却泡体的表面。在冷却过程中，由于泡体是热的不良导体，冷却时常常表层的泡体已被冷却固化定型，而内部泡体的温度还较高，它的热量会继续外传，使泡体表层的温度回升，再加上芯部泡体的膨胀力，就可能使已定型的泡体变形或破裂。因此，发泡制品的冷却固化必须保证有足够的冷却定型时间。从气体自均相体中析出的方面讲，在气泡增长过程中，气体从熔体中离析出来进入气泡，导致气泡壁熔体的黏度上升，加速了固化过程。从发泡剂的分解汽化方面讲，采用物理发泡剂进行的发泡过程中常常包含发泡剂的汽化、气体的离析和膨胀等过程，而采用化学发泡剂的发泡过程中发泡剂的分解存在吸热或者放热效应，这些因素都会影响泡体的固化速度。

2.3 水桥连接成形机理

2.3.1 高聚物共混

利用淀粉与植物纤维采用发泡成形工艺制成包装产品，从机理上说，是高聚物共混[137]。植物纤维和淀粉两种高分子化合物共混存在两个问题：一是能否顺利共混；二是共混后复合物性能是否得到改善，能否得到预期的物质。高聚物互不相溶，常常是制备优良共混物的不利因素，如加入一种或几种相溶剂和助剂，不相溶组分间互溶解力可有所改善，这种相溶剂不仅能改善高聚物溶体及溶液的性质，也能改变高聚物共混物的性能。由于相溶剂的存在，互不相溶高聚物在某一共同溶剂中的溶解能力以及高聚物在排溶剂中的分散性均有所提高。相溶剂也可改进各种添加剂，如填充剂及增强剂在高聚物中的分散能力。高聚物与各种表面的黏结能力也与相溶性密切相关。当然，对有使用价值的共混物而言，相溶性是指共混体各组分在产品整个使用时间不出现分离或分层现象。一般相溶剂是指某些嵌段或接枝共聚物，其链段化学结构与相混高聚物结构相同或类似。作为相溶剂，嵌段共聚物比接枝共聚物更为有效，因后者骨架上较难引入各种支链。嵌段及接枝共聚物是用聚合法制备的，可以先合成有关相溶剂，然后添加到需要相溶的混合物中，也可以从混合物中就地生成相溶剂，这是通过两种高聚物间的反应得到的。

淀粉与高聚物，在几种相溶剂和助剂的存在下，再在一定条件下进行反应后，制备出有相溶性较好的高聚物共混体，这样，在两种互不相溶高聚物间形成了离子键，如图 2-15 所示。

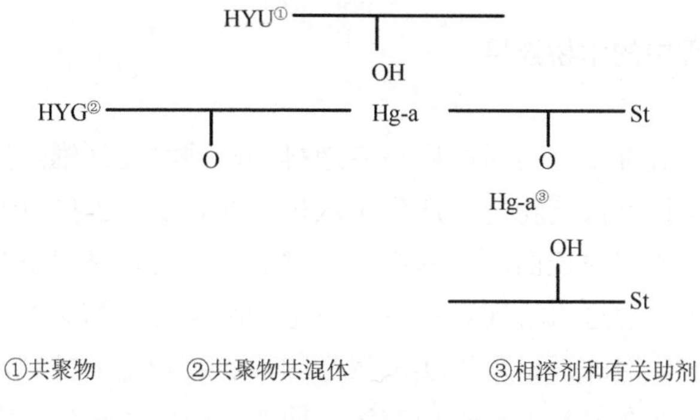

①共聚物　②共聚物共混体　③相溶剂和有关助剂

图 2-15　高聚物共混体

2.3.2　固液两相流体

植物纤维、淀粉及各种添加剂混合后的湿料从化学上来讲是固-液两相流体，属于纤维悬浮体。在流动中，流体与纤维相互影响，同时纤维之间互相作用。纤维的存在及运动对流体的性质产生很强的影响。同理，纤维在流体的作用下也在不断地转动和移动。纤维悬浮流是一个复杂的流体动力系统，其纤维浓度、纤维形态、空气含量、流速等对流动特性产生很强的影响作用，可从类似水的流动特性直到完全丧失流动性。纤维在流体动力的作用下相互碰撞交织的机会增多，纤维间产生了机械连接和机械交织，形成了具有一定强度的纤维网络结构。

2.3.3　纤维受力分析

在纤维悬浮液中，纤维与纤维之间的结合力主要包括水桥连接力、纤维的弹性弯曲产生的内聚力、极性键吸引力、表面张力等[146]。占据主导作用的是水桥连接力。水分子中的氢原子与氧原子在两个臂端形成一个 V 字形[147]，如图 2-16 所示。由于氧原子是强负电性

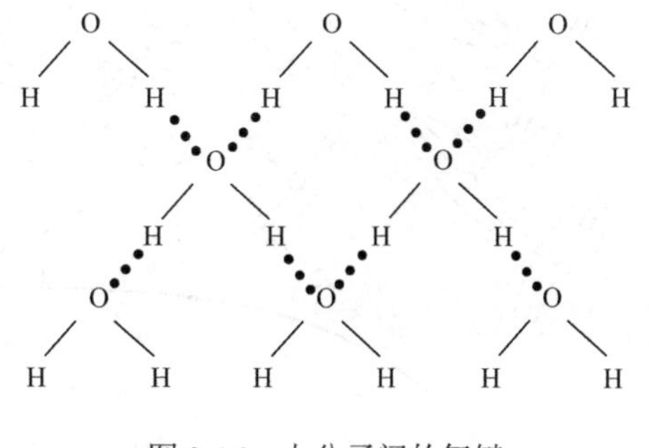

图 2-16　水分子间的氢键

的，能从氢原子中吸走电子，使氧原子净带负电荷，两个氢原子净带正电荷，所以一个水分子的氢原子和相邻近水分子的氧原子之间具有静电吸引力，称为氢键结合力。

2.3.4 成形过程中的水桥连接

水分子由于氢键结合力而高度整齐地排列，同时在纤维悬浮液中，水分子的极性使得它在纤维或淀粉之间产生了水桥连接，如图 2-17 所示，即水分子与纤维表面的羟基或淀粉表面的羟基产生氢键结合，使羟基以适当的形式排列，纤维或者淀粉之间通过水桥连接产生了一定的吸引力。随着湿料温度的提高，浮选理论中的液体泡沫理论可以实现气泡的成长和稳定的控制，在浆料中利用气泡内外压差实现在材料内部形成空腔，即在溶液中“挤”出空间。同时水桥宽度随着其中的水分被热力带走而减小，纤维或淀粉之间通过单层水分子结合，最后形成纤维或淀粉之间直接的氢键结合，达到制品干燥成形的目的。此时，纤维在气泡周围聚成的“巢”成为具有稳定结构的“拱”。若纤维经过打浆处理，其表面，特别是纤维的端头已发生帚化，暴露出更多的羟基，利于形成水桥连接。在悬浮液中存在极性键吸引力，即分子间的范德瓦耳斯吸引力。在悬浮体添加表面活性剂后，液体的表面张力变大，使得纤维、淀粉间的距离拉近。

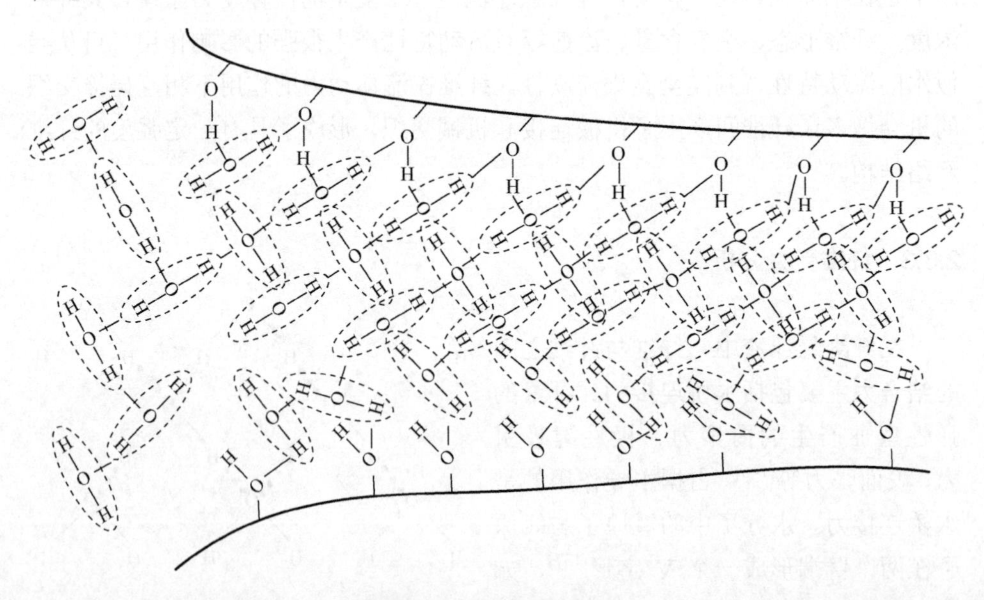

图 2-17　水桥连接示意图

2.4 本章小结

本章以热力学理论、高分子理论和胶体与界面化学理论等为指导，研究了生物质全降解制品的发泡机理及过程，提出了生物质全降解制品的水桥连接成形机理。在研究生物质全降解制品各原料物理化学特性的基础上，初步确定了几种典型生物质全降解制品成分配伍技术方案，为后续研究提供了理论基础。本章主要结论如下：

(1) 在研究生物质全降解制品各原料物理化学特性及合成机理的基础上，初步确定了几种典型生物质全降解制品成分配伍技术方案。

(2) 提出了生物质全降解材料的四步式发泡机理，研究了发泡过程中发泡剂的共混、气泡成核阶段、气泡增长阶段和固化成形阶段等四阶段的相变机制。

(3) 提出了生物质全降解材料均相成核-水桥连接成形机理，研究了成形过程中纤维、淀粉和添加剂的水桥连接成形机理及植物纤维在成形过程中的“巢拱”转变机制。

第 3 章　生物质全降解制品成形工艺技术及成形模具研究

成形模具是生物质全降解制品生产线成形工序中必需的功能单元，是整条生产线最为关键的设备，其性能、设计、功能直接决定产品的质量、合格率等一系列重要指标。本章首先研究生物质全降解制品的制备过程及影响制品成形的因素，结合第 2 章生物全降解制品的成形机理和成分配伍技术，研究开发了新型模具，研究生物质全降解制品成形工艺参数选择原则，并初步开发几种典型生物质全降解产品的工艺参数；然后以有限元理论为基础，结合成形模具的实际工况，对模具工作过程的热场、热力耦合场进行仿真分析研究，分析模具工作表面的温度场、应力场和应变场的工况，为模具结构优化和成形参数的优化提供理论基础。

3.1　新型成形模具技术

第 2 章中已对生物质全降解制品的成分配伍技术和成形机理进行了系统研究，结合该材料的成形过程，根据工艺要求，生物质全降解制品在成形过程中需在 8～10s 内排出大约 50%的水分。因此，模具排汽能力、模具定位精度、黏模问题、成形时间、传热效率低和温度分布等都是成形模具面临的关键问题。本节针对生物质全降解材料成形过程中的这些关键问题，开发了集快排汽无余料技术、楔形自动定位技术、强制自动脱模技术和掩口柔性自动调整技术等于一体的新型模具技术。

新型模具技术运用到生产线上后，工作可靠，性能稳定，产品成形合格率从原来的 40%提高到现在的 98%。同时，工艺成形过程仅需要 70s，而原来的成形过程需要 300s，生产能力比原来提高了 3 倍多，使生物质全降解制品的生产达到了工业化。目前，国内外未见该项技术的相关报道，本项技术为原始创新成果，推动了生物质全降解制品行业发展。模具结构如图 3-1 所示。

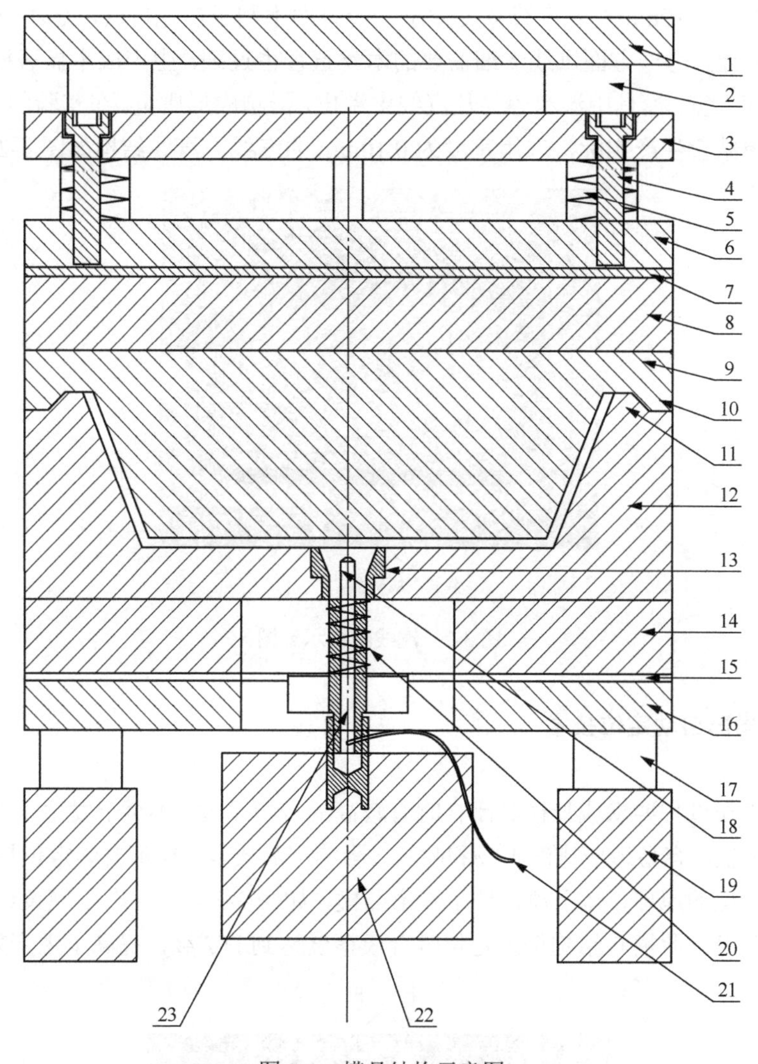

图3-1　模具结构示意图

1. 上模固定板；2. 上模垫块；3. 上模活动板；4. 沉头螺栓；5. 上模调节弹簧；6. 上模垫片；7. 上石棉隔热板；8. 上加热板；9. 上模板；10. 上模凸楔；11. 下模凸起；12. 下模板；13. 密封铜套；14. 下加热板；15. 下石棉隔热板；16. 下模垫板；17. 下模垫块；18. 气孔；19. 模腿；20. 复位弹簧；21. 压缩空气管；22. 气动元件；23. 中空顶杆

3.1.1　快排汽无余料技术

为保证生物全降解材料的顺利排汽，在上下模具上加工出用来排放湿料在高温加压产生蒸汽的间隙，称为汽线。为了保证产品排汽均匀，汽线采用放射状分布，宽度为 0.10mm。若汽线宽度太小，一方面不利于快速排汽，达不到大规模生产的需要，另一方面汽线太细需要的木丝直径也过细，生产成本显著提高。若汽线宽度太宽，模具中湿料容易从汽线中溢出，影响成形质量。在实验的基础上，综合考虑结合生产实际，选用宽度为 0.10mm 的汽线，汽线结构如图 3-2 所示。

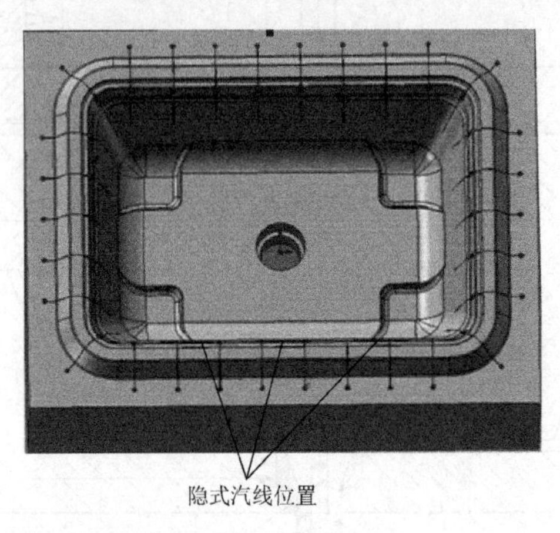

图 3-2　汽线结构示意图

3.1.2　楔形自动定位技术

在工作过程要求成形模具闭合时有较高的合模精度，不至于发生干涉。若合模精度太低，容易造成排汽不畅和喷料，影响产品质量。楔形自动定位技术是利用楔形定位的原理，在上模设计了 6 个凸楔，如图 3-3 所示，在下模设计了与之对应的凹楔。此模具结构保证定位时合模精度达到 IT7 级，提高了生产效率。

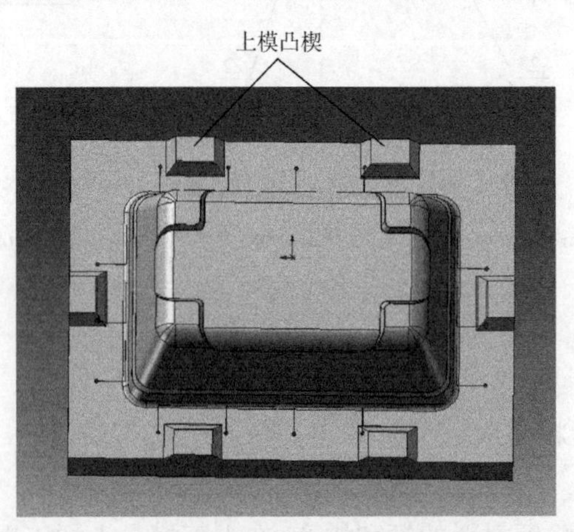

图 3-3　上模凸楔示意图

3.1.3　强制自动脱模技术

为了解决产品在成形后的黏模问题，满足大规模、工业化生产的要求，新型模具技术采用了强制自动脱模技术。工作原理是在产品成形完成后，如图3-1所示的上模板9上升至5～10mm时，控制系统提供位移信号，气动元件22通过振动作用把上模板向上顶出2～3mm，同时压缩空气管21通过抬起的斜口内向上吹出压缩空气2～3s，使生物质全降解制品与模具分离；当上模板9上升至上顶位时，取货机械手到位取走已分离的半成品转送到半成品传输线上，气动元件22和压缩空气管21在设定时间内完成任务后，控制系统给出停止信号，上顶杆在复位弹簧20压力下复位，准备下一个循环。气动吹出机构的结构如图3-4所示。此技术在有效地解决了黏模问题的同时，还吹掉半成品上的碎屑，起到净化作用。

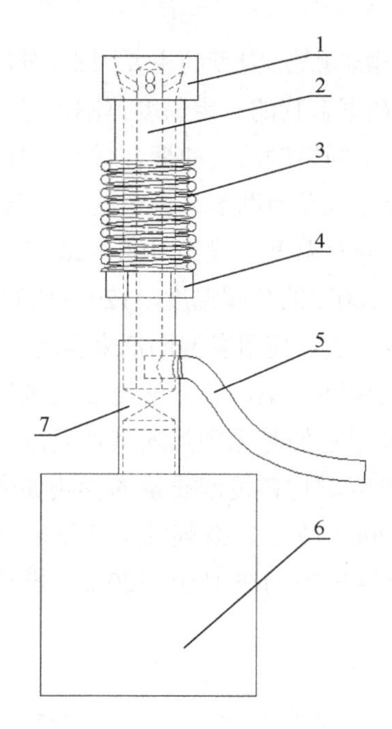

图3-4　气动吹出机构结构图

1. 铜套；2. 中空顶杆；3. 复位弹簧；4. 螺母；5. 吹气管；6. 气动元件；7. 接头

3.1.4　掩口柔性自动调整技术

在生物质全降解制品自动化生产线上，每组工位由4套模具组成，若4套模具在同一模板上，上下模具闭合时容易出现过定位现象，导致合模精度太低，影响产品质量稳定性。掩口自调整技术有效地解决了此问题，在新型模具上模垫片6(图 3-1)设计了 4 个上模调节弹簧，模具合模过程中可以自动调整四个边的压力，使上下模板受力均匀，避免了过定位。

3.2 成形工艺参数选择

3.1 节已对生物质全降解制品成形工艺和成形模具进行了分析研究，本节将在前面研究的基础上对成形温度、模具压力、成形时间和投料量等工艺参数选择进行初步研究。

1. 成形温度的选择

发泡剂的分解温度是影响成形温度的主要因素，分解温度必须与聚合物的熔融温度相适应，也就是说在聚合物的一定黏度范围内进行发泡才能得到性能优良的发泡体。这就要求对于不同熔融温度的聚合材料选择不同分解温度的发泡剂，或通过发泡剂的混用以及加入发泡助剂来调节其分解温度，以适应聚合物发泡条件的要求。有机发泡剂的分解温度一般为 100～200℃；使用单一的发泡剂可得到 100℃、150～160℃、200℃的分解温度，120～130℃、170～180℃的分解温度可通过发泡剂的混用或者通过使用发泡助剂来实现。

本书采用的发泡剂为碳酸氢钠，其分解温度范围较宽，为 50～270℃，分解温度都比较低，通常使用它们时无须加入其他发泡剂，且分解吸热量较少，能满足成形工艺要求。温度对材料发泡质量的影响如表 3-1 所示。由表 3-1 可以看出，将温度控制在 200℃左右，既能够保证发泡剂充分反应，又可以保证实验质量，因此，将发泡温度控制在 180～220℃。模具内的温度通过温度控制器进行控制。

2. 模具压力的实现

成形机工艺系统采用吨位较小的液压传动，上下模的合模是由液压马达推动上模运动，实现上模与在底座上的下模合模，并可以实现自动保压，成形模具腔内自身的压力约 8kg[148]，液压系统完全可以满足成形要求。液压传动成形机可实现多工位连续工作，工作效率高，系统动作灵敏可靠，运行状态良好，但成本较高。

表 3-1　温度对材料发泡质量的影响

温度/℃	材料发泡质量
100	制品分层，无法成形，基本不产生气泡
130	产生气泡较少，速度慢
180	发泡质量较好
220	发泡速度快，料流动性优良，气泡均匀，质量好
240	发泡速度反应剧烈，空隙过大，质量不均匀，压力过大

3. 成形时间的选择

采用传统强制排汽方式时，成形时间约 300s，采用新型模具快排汽无预料技术，由于汽线的存在实现了成形时间的大幅度缩短，成形时间约需要 75s。成形时间的选择必须结合生物质全降解制品的配伍技术、工艺参数等因素来进行。

4. 投料量的选择

由于新型模具技术采用了快排汽无预料技术，影响制品投料量最主要的因素为生物质全降解制品的体积。另外，成分配伍技术中的发泡剂、淀粉含量也是影响投料量的因素。投料量的选择多采用实验的方法。

5. 几种典型生物质全降解制品的工艺参数

在本章的研究基础上，与合作单位进行了大量实验研究，初步开发了 7in 圆盘、Φ180mm 冷面碗、450mL 矩形餐盒、方便面碗和 600mL 圆餐盒等生物质全降解产品的工艺参数，如表 3-2 所示。

表 3-2　各类餐盒工艺参数表

课题	7in 圆盘	Φ180mm 冷面碗	450mL 矩形餐盒	方便面碗	600mL 圆餐盒	备注
投料量/g	45	60	70	100	70	
压力/MPa	3～5	3～5	3～5	3～5	3～5	
温度/℃	170	190	170	200	200	
加热时间/s	60	60	70	90	70	

3.3 成形模具热力耦合分析

由第 2 章成形机理，结合 3.1 节和 3.2 节成形工艺技术可以得出，成形模具在工作过程中受热场、力场的耦合作用。成形模具表面的热场温度分布状况，尤其模具表面的温度差是影响产品成形最重要的指标。同时，模具本身在热力耦合作用下会发生怎么样的应力、应变状况，需要深入探讨研究。

3.3.1 理论基础

在金属塑性变形过程中，塑性变形功、工件和模具接触面上的摩擦功不断地转化为热量，使得工件和模具内的温度场发生变化；温度场的变化又反过来影响工件的变形。因此，在对体积成形过程进行工艺模拟时，就需要在变形和温度场之间进行耦合分析，同时考虑工件的塑性变形及工件、模具、环境三者之间的热交换[149]。

1. 基于有限变形理论的热力耦合基本方程

有限变形下的热力耦合弹塑性有限元方程在有限变形下，采用更新的拉格朗日法，以增量步长开始时刻 t 的构形为参考构形，则增量步长末 $t+\Delta t$ 时刻的平衡方程为[150-152]

$$\int_{V_t} \sigma \delta \varepsilon_{\mathrm{G}} \mathrm{d}v_t = \int_{V_t} q \delta_u u \mathrm{d}V + \int_A p \delta_u \mathrm{d}A \tag{3-1}$$

式中，σ 为 t 时刻的第二 Piola-Kirchhoff 应力；ε_{G} 为 t 时刻的 Green 应变；q 为体积力；V、V_t 分别为变形体在增量步长开始结束时的体积；p 为表面力；δ_u 为虚位移；A 为变形体的表面积。

在有限变形弹塑性本构方程中，用柯西应力的 Jaumann 导数表示的应力速率为

$$\sigma^{\nabla} = L(T)[D - D^{\mathrm{p}}(T) - \alpha \dot{T} I] \tag{3-2}$$

式中，D 为总应变率张量；D^{p} 为塑性应变率张量；L 为弹性本构张量；T 为温度，$\dot{T}$ 为温度变化率；α 为热膨胀系数。

使用有限元方法进行计算时，需将平衡方程离散化为一个关于节点位移增量的非线性方程组，再利用 Newton-Raphson 法使这些方程线性化：

$$[K]\{\Delta u\} = \{F^{\mathrm{a}}\} - \{F^{\mathrm{nr}}\} \tag{3-3}$$

$$[K] = \int_V [B]^{\mathrm{T}} [D][B] \mathrm{d}V \tag{3-4}$$

$$\{F^{\mathrm{nr}}\}=\int_V [B]^{\mathrm{T}}\{\sigma\}\mathrm{d}V \tag{3-5}$$

式中，$[K]$为切向刚度矩阵；$\{\Delta u\}$为节点的位移增量；$\{F^{\mathrm{a}}\}$为等效外载荷；$\{F^{\mathrm{nr}}\}$为 Newton-Raphson 失衡力。

2. 温度计算基本方程

基于能量守恒定律和傅里叶定律建立的三维导热微分方程为[153]

$$\frac{\partial T}{\partial t}=\frac{\lambda}{\rho c}\left(\frac{\partial^2 T}{\partial x^2}+\frac{\partial^2 T}{\partial y^2}+\frac{\partial^2 T}{\partial z^2}\right)+\frac{q_v}{\rho c} \tag{3-6}$$

式中，λ 为热导率；ρ 为密度；c 为比热容；q_v 为内热源强度。

经过离散化处理，得到温度计算的有限元的基本公式如下：

$$[C]\{\dot{T}\}+[K_{\mathrm{T}}]\{T\}=\{Q\} \tag{3-7}$$

$$[C]=\int_V \rho c[N][N]^{\mathrm{T}}\mathrm{d}V \tag{3-8}$$

$$[K_{\mathrm{T}}]=\int_V k[B][B]^{\mathrm{T}}\mathrm{d}V \tag{3-9}$$

式中，$[C]$为热容矩阵；$[N]$为形状函数矩阵；$[K_{\mathrm{T}}]$为热传导矩阵；$[B]$为几何矩阵；$\{T\}$为节点温度向量；$\{\dot{T}\}$为节点温度变化率向量；$\{Q\}$为热通量向量。

3. 热力耦合计算基本方程

在热力耦合计算中，变形会影响热传导、对流辐射等热边界条件，变形产生的塑性功大部分会转化为热能，而温度变化又引起屈服应力及一些与温度相关的材料特性发生变化，热膨胀也会引起热应力和热应变。由式(3-3)和式(3-6)得到热力耦合计算的基本方程如下[150,151]：

$$\begin{bmatrix}[0] & [0]\\ [0] & [0]\end{bmatrix}\begin{Bmatrix}\{\dot{u}\}\\ \{\dot{T}\}\end{Bmatrix}+\begin{bmatrix}[K] & [0]\\ [0] & [K_{\mathrm{T}}]\end{bmatrix}\begin{Bmatrix}\{u\}\\ \{T\}\end{Bmatrix}=\begin{Bmatrix}\{F\}\\ \{Q\}\end{Bmatrix} \tag{3-10}$$

式中，$\{u\}$为节点速度向量；$\{F\}$为力向量，包括施加的节点力和由热应变引起的力。

3.3.2　成形模具热场分析

本节结合成形模具的实际工作状况，首先对模具进行热场分析，然后把热场分析结果作为约束和力载荷同时加到模具上进行耦合分析，得出分析结果。分析流程如图 3-5 所示。

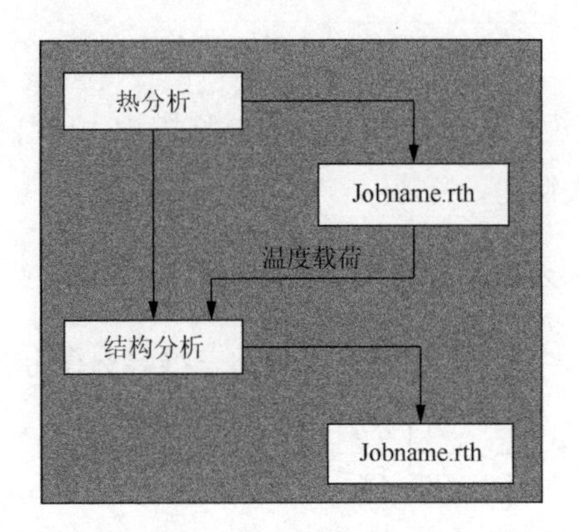

图 3-5　顺序耦合的步骤

以四格餐盒为例，针对其模具成形的工作状况进行热力耦合分析，四格餐盒产品及模具如图 3-6 和图 3-7 所示。

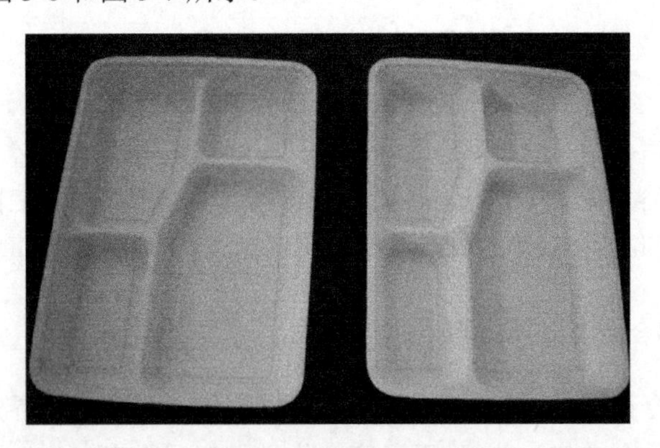

图 3-6　四格餐盒产品图

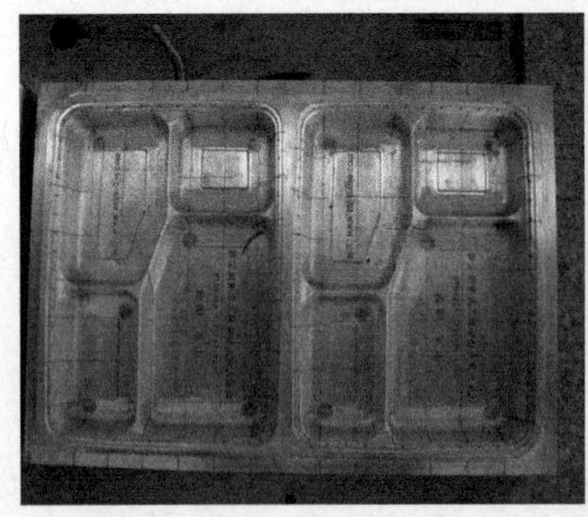

图 3-7　四格餐盒模具图

1. 模型建立

在三维软件 Pro/E 下建立成形模具三维模型，如图 3-8 和图 3-9 所示。

图 3-8　上模板三维模型

图 3-9　下模板三维模型

2. 载荷计算

根据模具实际工作状况，各参数确定如下。

1) 温度

施加恒定温度为 180℃。

2) 对流系数

施加室温 25℃，模具与空气对流系数为 10。

3) 热流密度

热流密度是一种面载，是指单位时间单位面积中传递的热量。如果输入的值为正，则代表热流流入单元，反之则代表热流流出单元。

热流密度由式(3-11)确定。

$$\text{Heat fluxes}=Q/(2TS) \tag{3-11}$$

式中，Q 为吸收或释放的热量；T 为时间(成形时间)；S 为接触面积。

本书热流密度具体计算如下：

(1) 湿料转变成产品失去水分质量。

$$M = M_{湿料} - M_{产品} = 120\text{g} - 43\text{g} = 77\text{g}$$

(2) 散失热量。

热量散失计算主要从三个方面考虑：

25℃水变成 100℃水蒸气吸收热量 Q_1。

$$Q_1 = cM\Delta t = 4200\text{J}/(\text{kg}\cdot℃)\times 77\times 10^{-3}\text{kg}\times 75℃ = 24255\text{J}$$

100℃水变 100℃水蒸气吸热 Q_2。

$$Q_2 = 539\times 4.184\times 77 = 173648.552(\text{J})$$

式中，100℃的水蒸气变成 100℃的水蒸气的汽化热是 539cal/g，1cal=4.184J。

100℃水蒸气吸热完全转化为 200℃水蒸气，该过程吸收的热量 Q_3 为

$$Q_3 = 4200\text{J}/(\text{kg}\cdot℃)\times 77\times 10^{-3}\text{kg}\times 100℃ = 32340\text{J}$$

吸收的总热量 Q 为

$$Q = Q_1 + Q_2 + Q_3 = 24255\text{J} + 173648.552\text{J} + 32340\text{J} = 230243.552\text{J}$$

(3) 热流密度(Heat fluxes)。

根据实际工况，模具成形时间 T 为 75s，接触面积 S 为 $12.20\times10^{-2}\text{m}^2$。

$$\text{Heat fluxes} = Q/(2TS) = 230244\text{J}/(2\times 75\text{s}\times 12.20\times 10^{-2}\text{m}^2) \approx 12582\text{W}/\text{m}^2$$

因为制品成形过程对模具来说是散失热量，在后续热分析时采用的热流密度为负值。

3. 模型导入

将 Pro/E 建立的模型保存为*.X_T 格式，然后导入 ANSYS 中，得到几何模型，如图 3-10 所示。

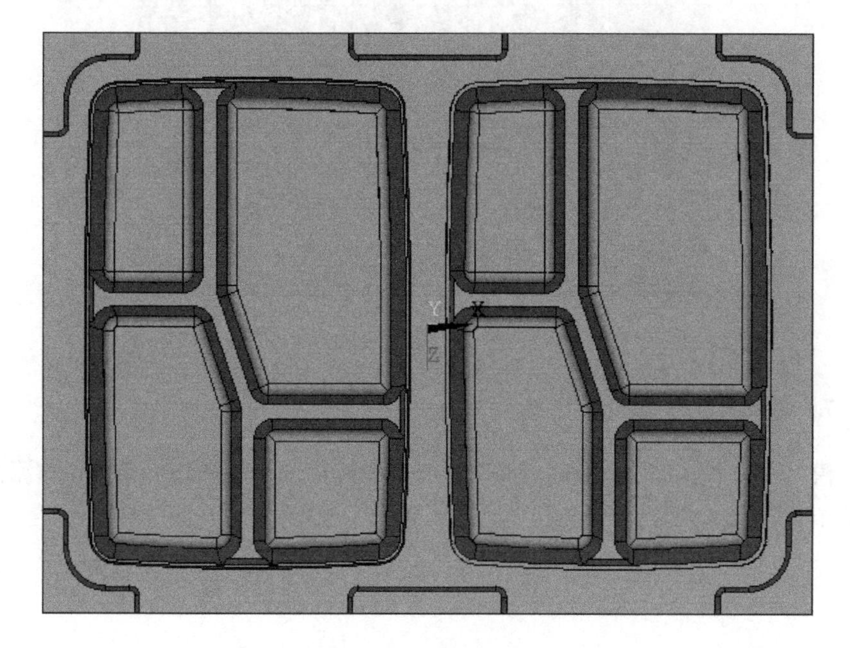

图 3-10　上模具模型图

4. 定义单元类型

SOLID 87 特别适合不规则的模型划分网格，该单元每个节点只有一个温度自由度，因此采用 SOLID 87 单元。

5. 定义材料属性

定义材料属性为 7651 铝合金。

热流率：KXX=237 W/(m·K)。

比热容：C=880 J/(kg·℃)。

密度：DENS=2702 kg/m^3。

6. 网格划分

根据模具的结构和计算机的性能确定网格大小，最终实现网格划分。通过自由网格划分网格，如图 3-11 所示。

图 3-11　网格划分

7. 约束、载荷施加

模具上表面施加恒定温度 180℃，与空气接触部分施加边界条件，对流换热系数 10，室温 25℃，热流密度为 12582W/m^2，如图 3-12～图 3-14 所示。

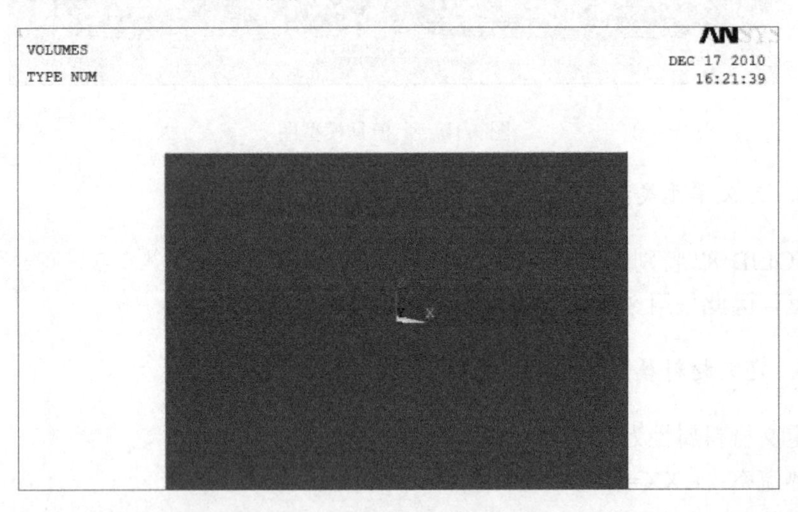

图 3-12　上表面施加 180℃恒温

8. 计算分析

通过计算机运算，得出相应位置温度分布情况，如图 3-15～图 3-17 所示。将分析结果存为*.rth 文件，为热力耦合分析做好准备。

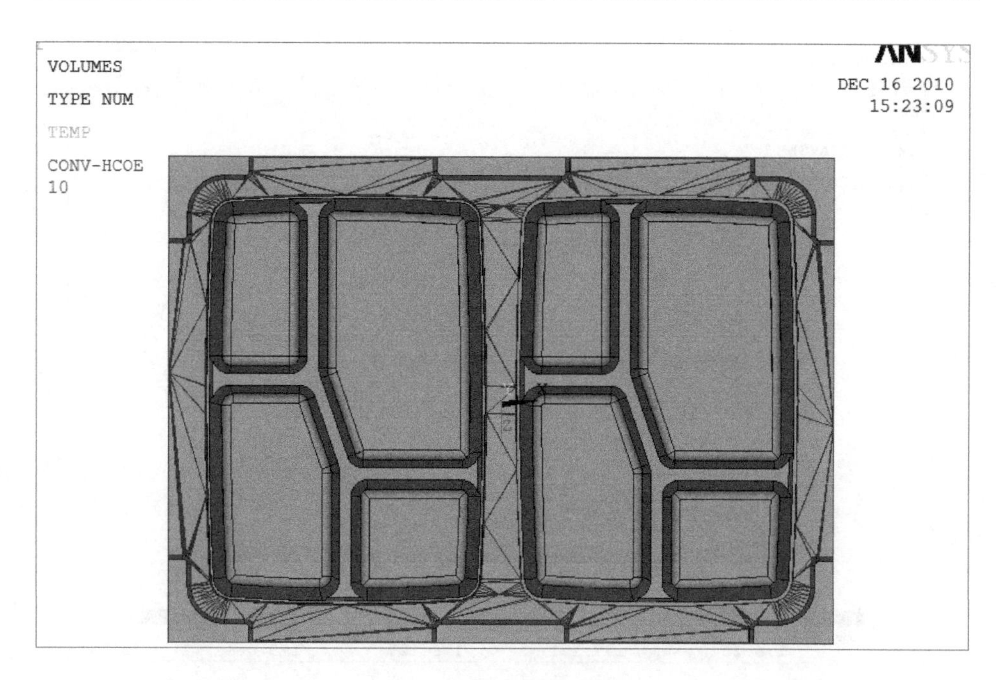

图 3-13 施加换热系数

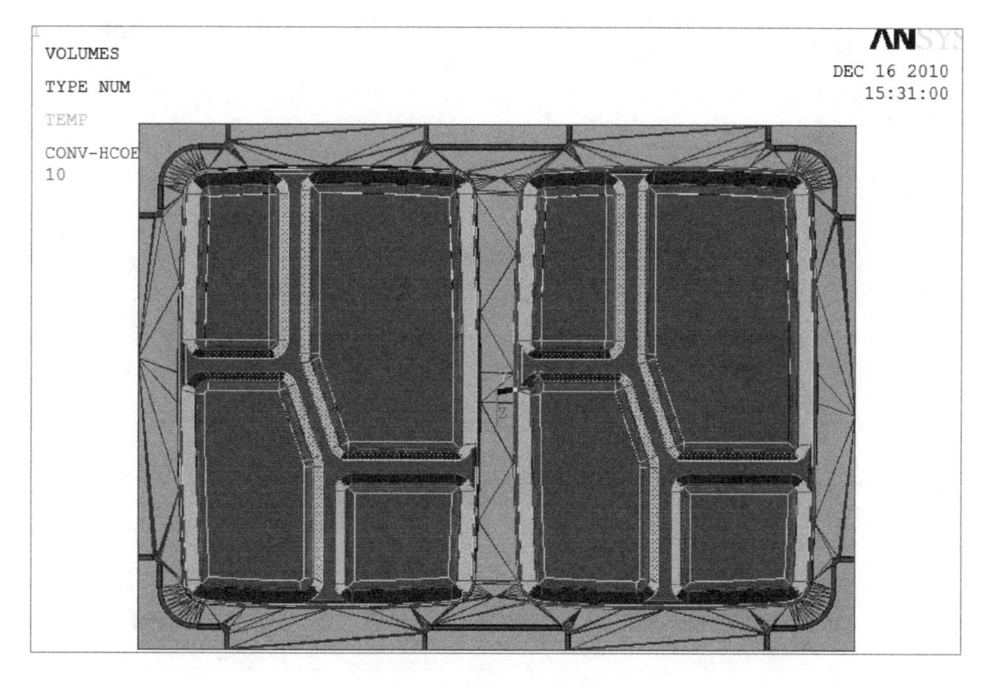

图 3-14 施加热流密度

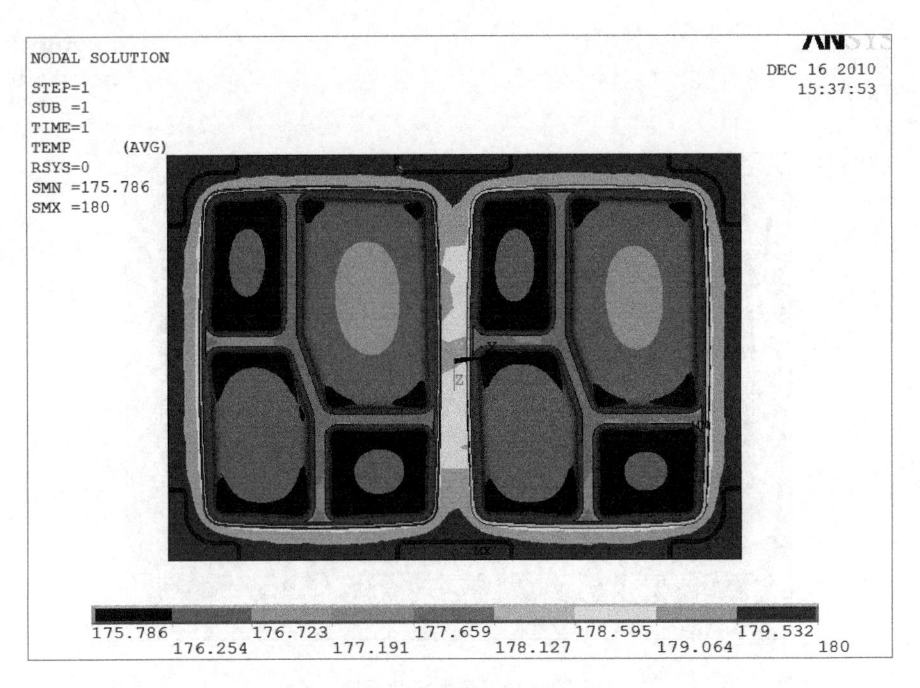

图 3-15　上模具温度场分布云(俯视图)

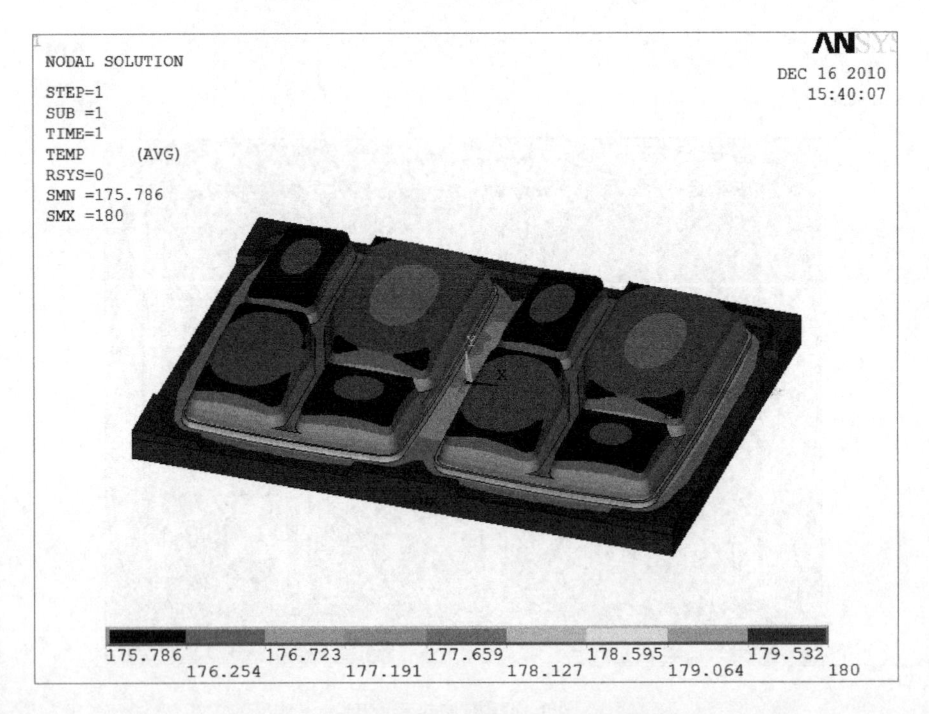

图 3-16　上模具温度场分布云(斜视图)

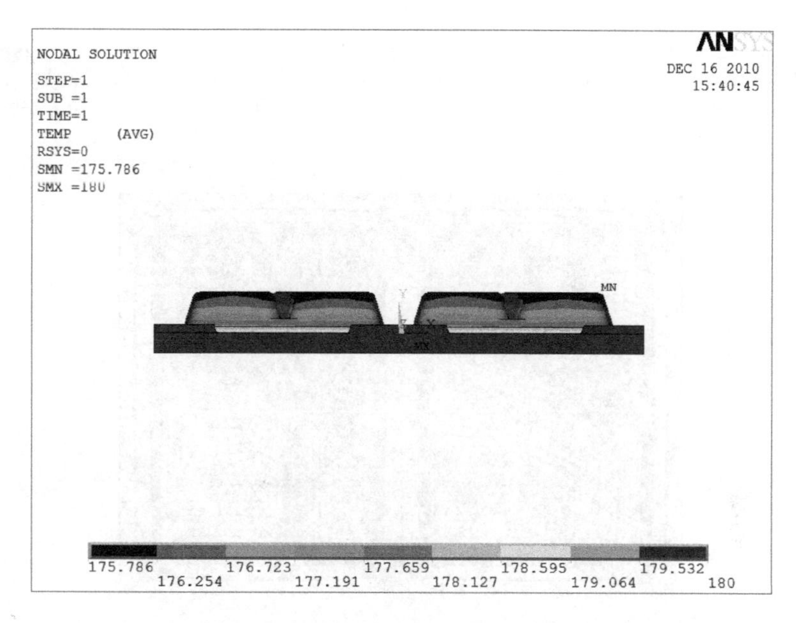

图 3-17　上模具温度场分布云(正视图)

从图 3-15～图 3-17 可以看出，上模具工作部分最高温度 T_{max}=179.064℃，位于餐盒顶部边缘部位；最低温度 T_{min}=175.786℃，位于餐盒底部。模具工作部分温度差值 $\Delta T = T_{max} - T_{min} = 3.278℃$。模具工作过程中与湿料接触部分温差较小，基本满足要求。

采用与上模具相同的方法对下模具的加热板进行热分析，其过程如图 3-18～图 3-24 所示。

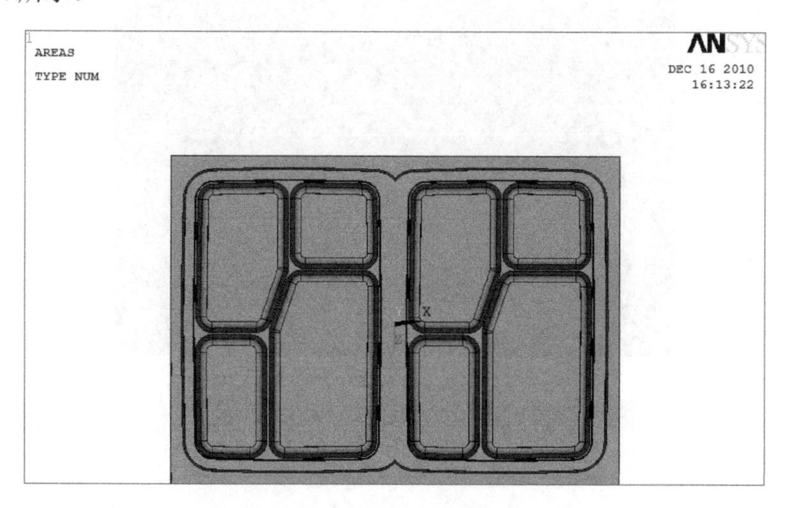

图 3-18　下模具模型图

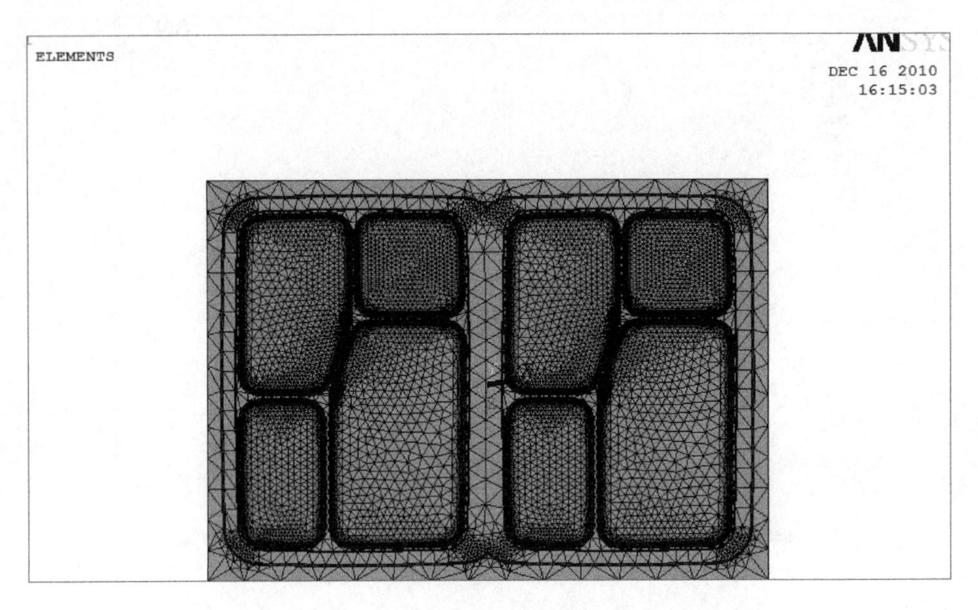

图 3-19　网格划分

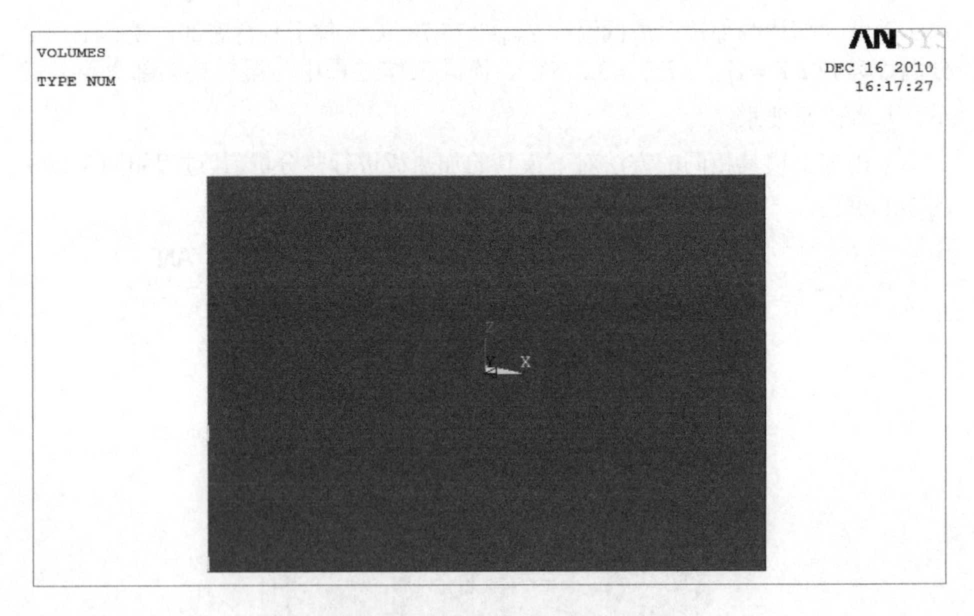

图 3-20　下表面施加 180℃恒温

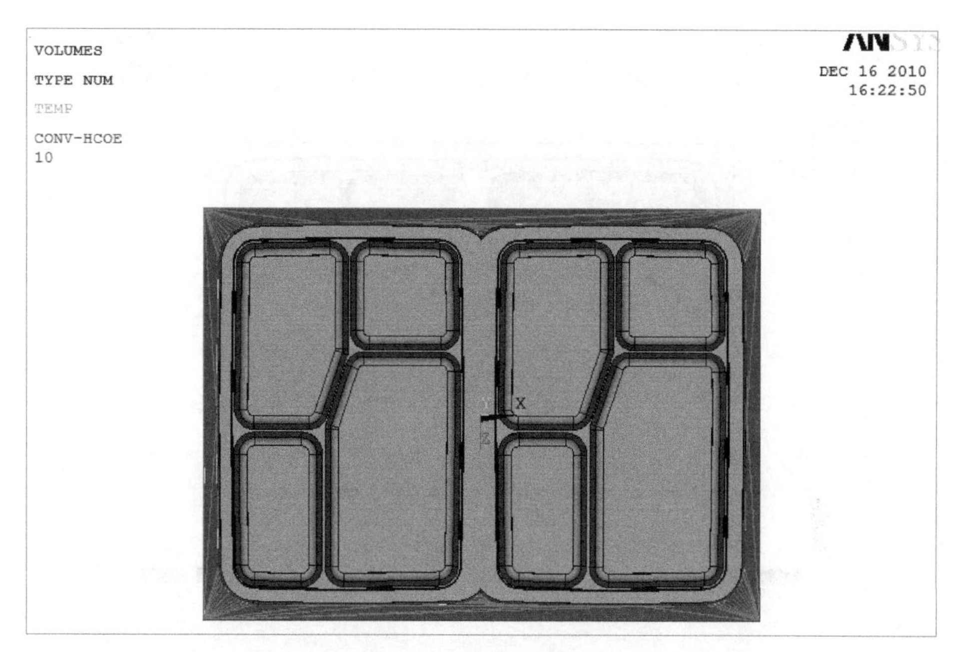

图 3-21 施加换热系数

图 3-22 施加热流密度

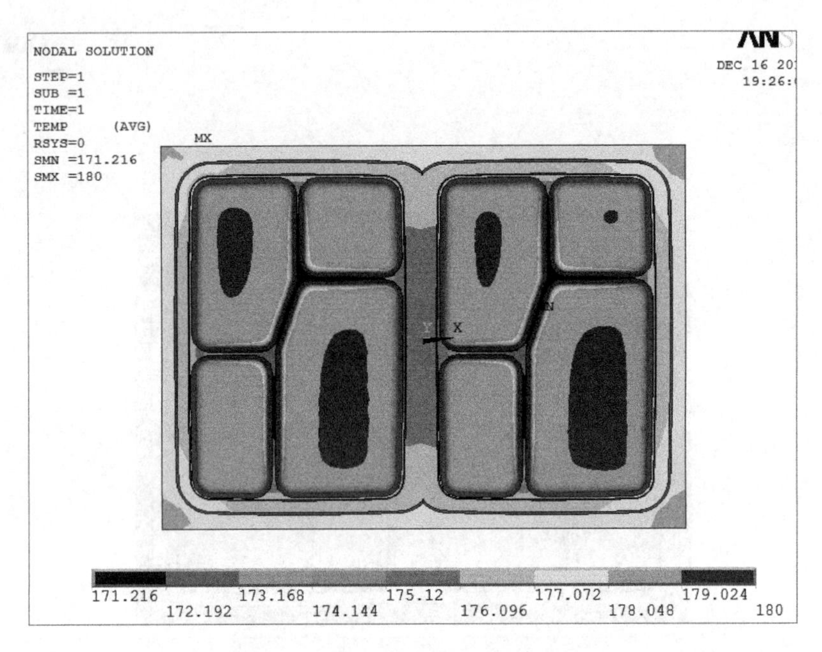

图 3-23　下模具温度场分布云图(一)

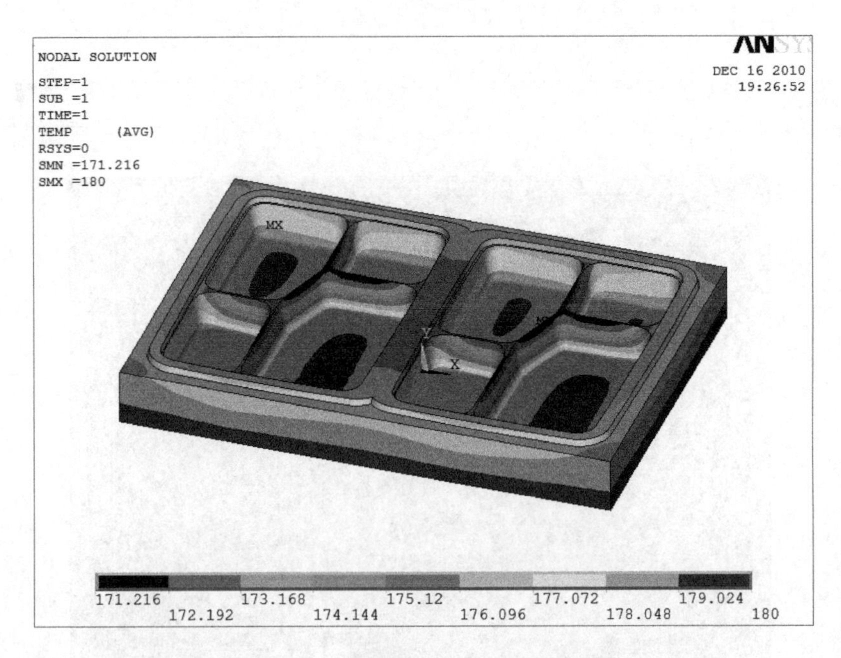

图 3-24　下模具温度场分布云图(二)

从图 3-23 和图 3-24 可以看出，下模板工作部分最高温度为 T_{max}=178.048℃，位于餐盒底部位置；最低温度为 T_{min}=171.216℃，位于餐盒顶部位置。最高温度

与最低温度差值 $\Delta T = 6.832℃$ 。从分析结果可看出，在模具工作过程中，下模板与湿料接触部分的温度分布没有上模具好，但也能满足性能要求。

3.3.3　成形模具热力耦合分析

1. 上模具耦合分析

首先定义热分析单元、材料属性等，创建几何模型，然后进行网格划分，定义热边界条件，并利用热分析的结果作为载荷进行热力耦合分析，过程如下。

1) 导入模型

将成形模具上模板热分析结果导入 ANSYS 中，删除施加的所有载荷。

2) 确定分析类型和单元类型

进入前处理器，分析类型设为 structural，单元类型为结构单元。

3) 定义材料属性

(1) 弹性模量：EX=7.17×1010N/m^2。

(2) 泊松比：PRXY=0.33。

(3) 膨胀系数：ALPX=2.3×10^{-5}al。

4) 施加载荷及约束求解

(1) 温度载荷：施加上一步温度载荷*.rth 文件。

(2) 静力载荷：大小 200400Pa。

(3) 施加约束：施加 y 轴方向约束和 x、z 轴方向约束，如图 3-25 和图 3-26 所示。

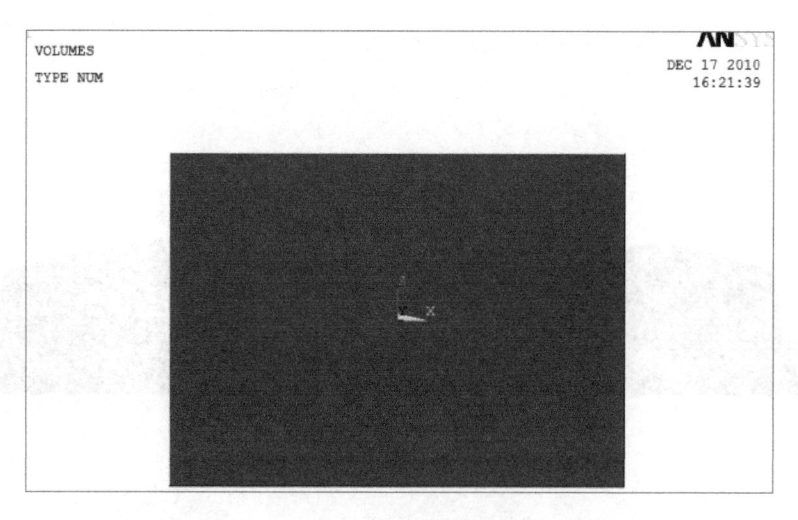

图 3-25　施加静力载荷

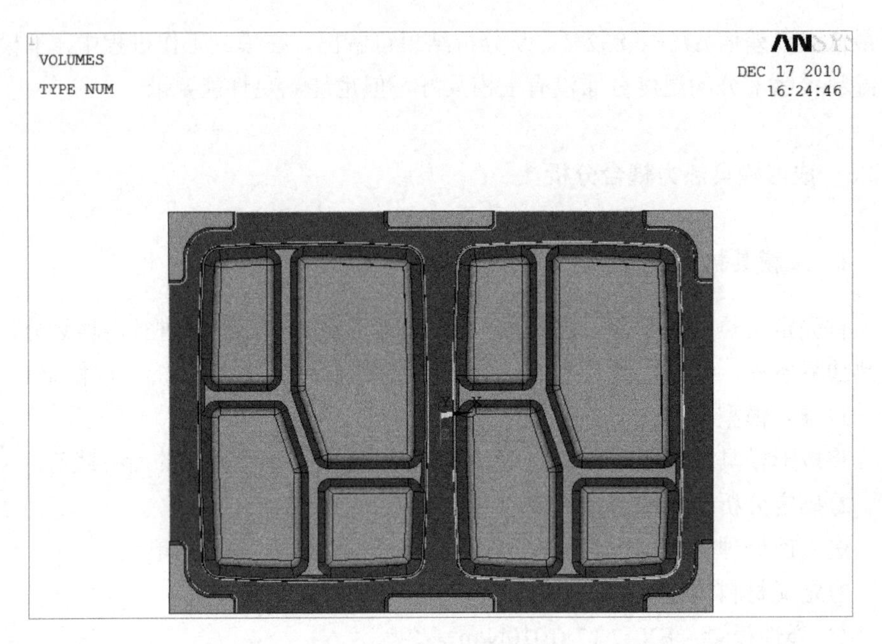

图 3-26 施加位移约束

5)计算分析

通过运算，得出上模具变形图如图 3-26 所示。应变和应力分布情况分别如图 3-27～图 3-31 所示。

图 3-27 上模具变形图

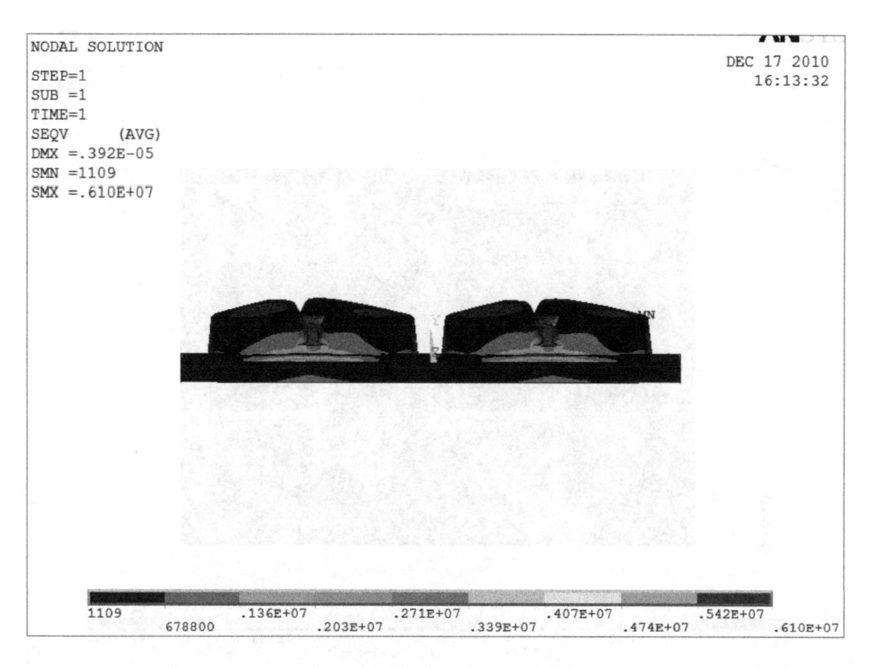

图3-28　上模具应力场云图(一)

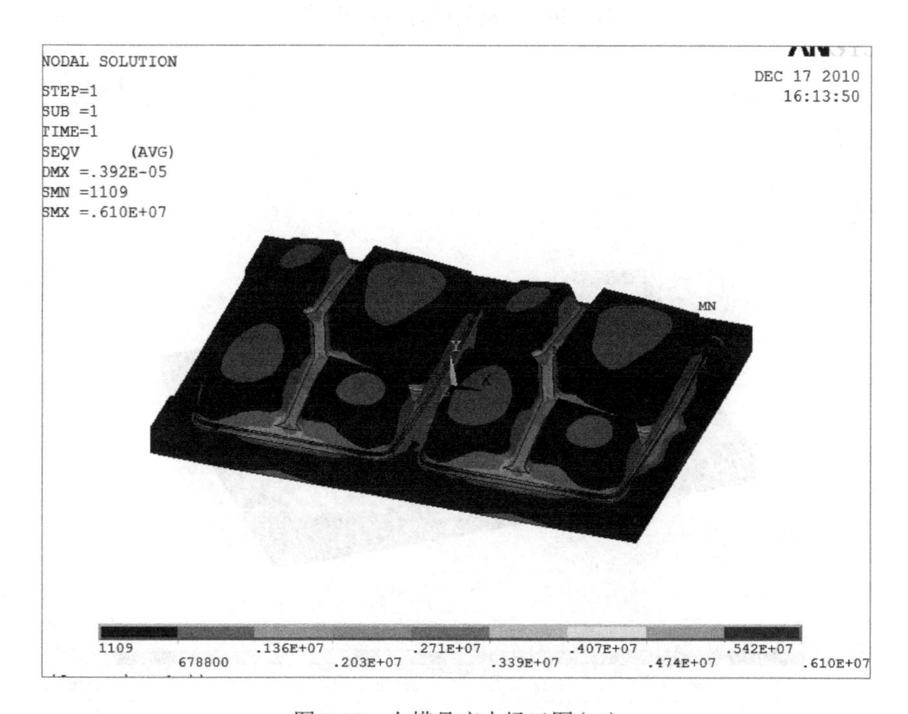

图3-29　上模具应力场云图(二)

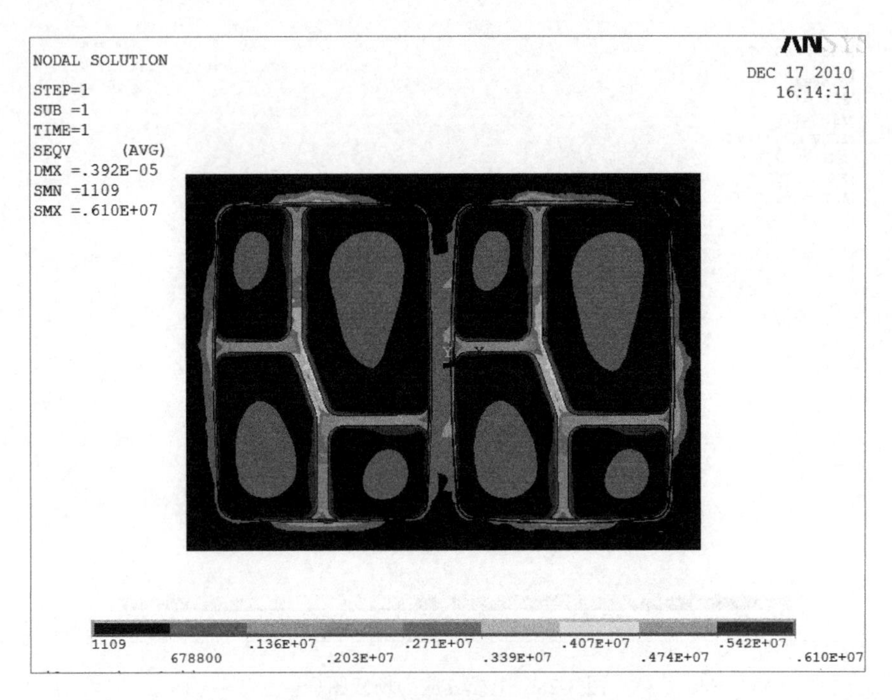

图 3-30　上模具应力场云图(三)

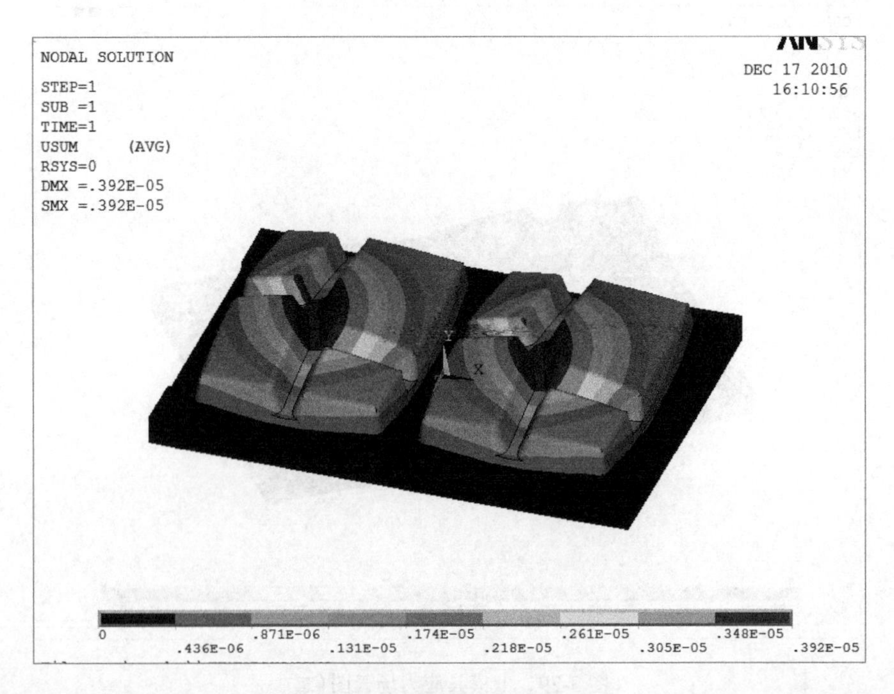

图 3-31　上模具应变场云图(一)

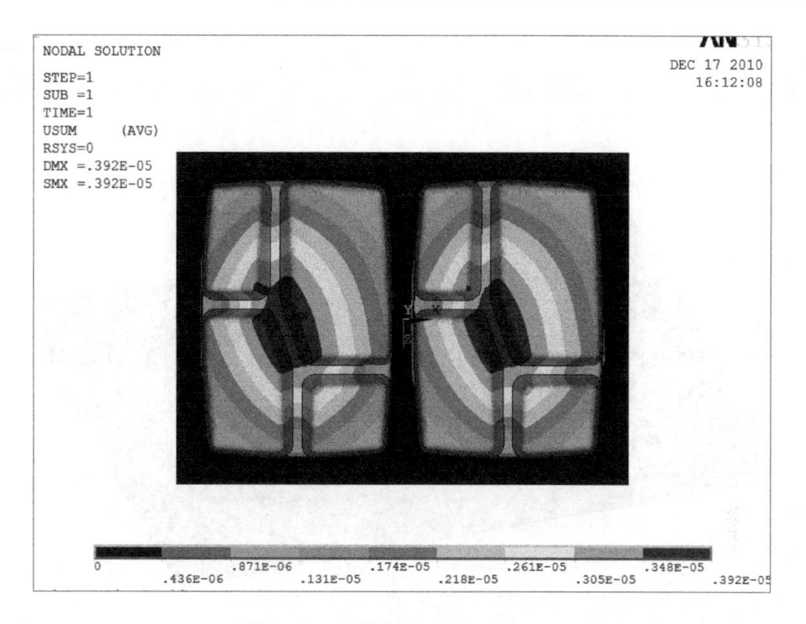

图 3-32　上模具应变场云图(二)

6)结论

根据分析可得上模具应力应变场分布结果，最大应力为 6.1MPa，最大变形为 3.92μm。

2. 成形模具下模板热力耦合分析

采用和上模具热力耦合分析相同的方法，对下模具进行耦合分析，其主要工作步骤如图 3-33～图 3-42 所示。

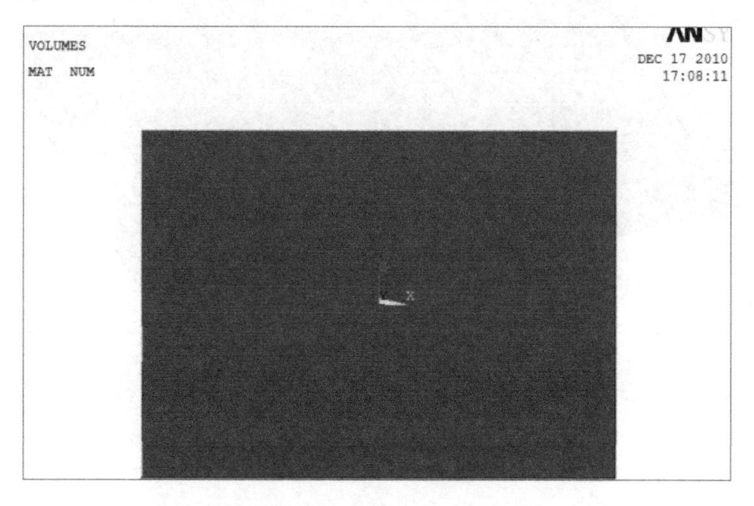

图 3-33　施加静力载荷

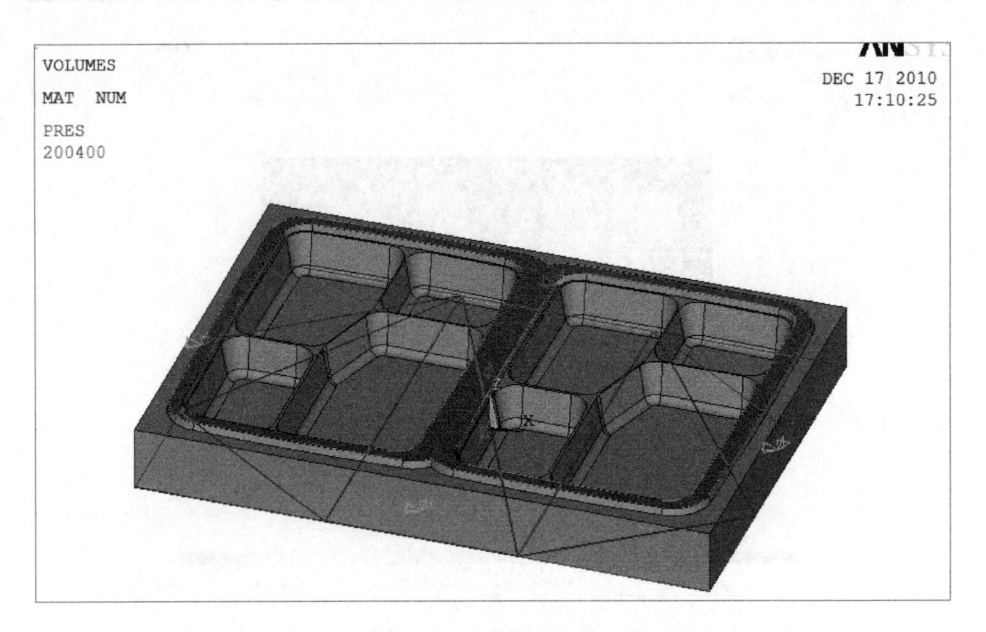

图 3-34　施加 z 轴约束

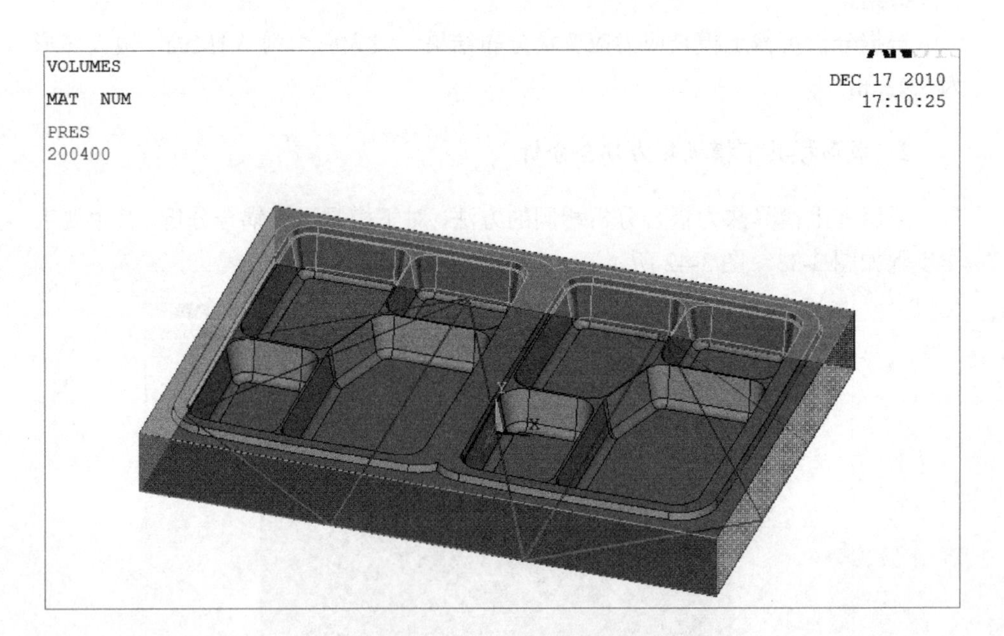

图 3-35　施加 x、y 轴约束

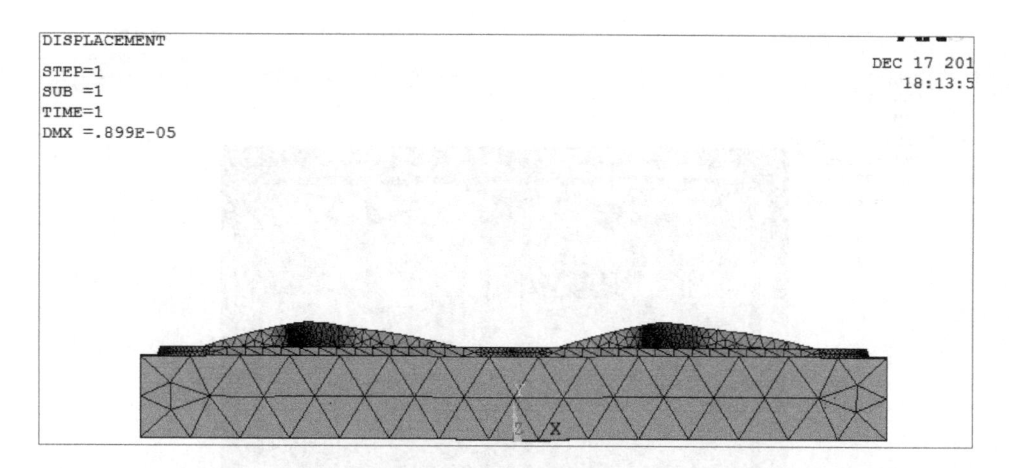

图 3-36　下模具变形图

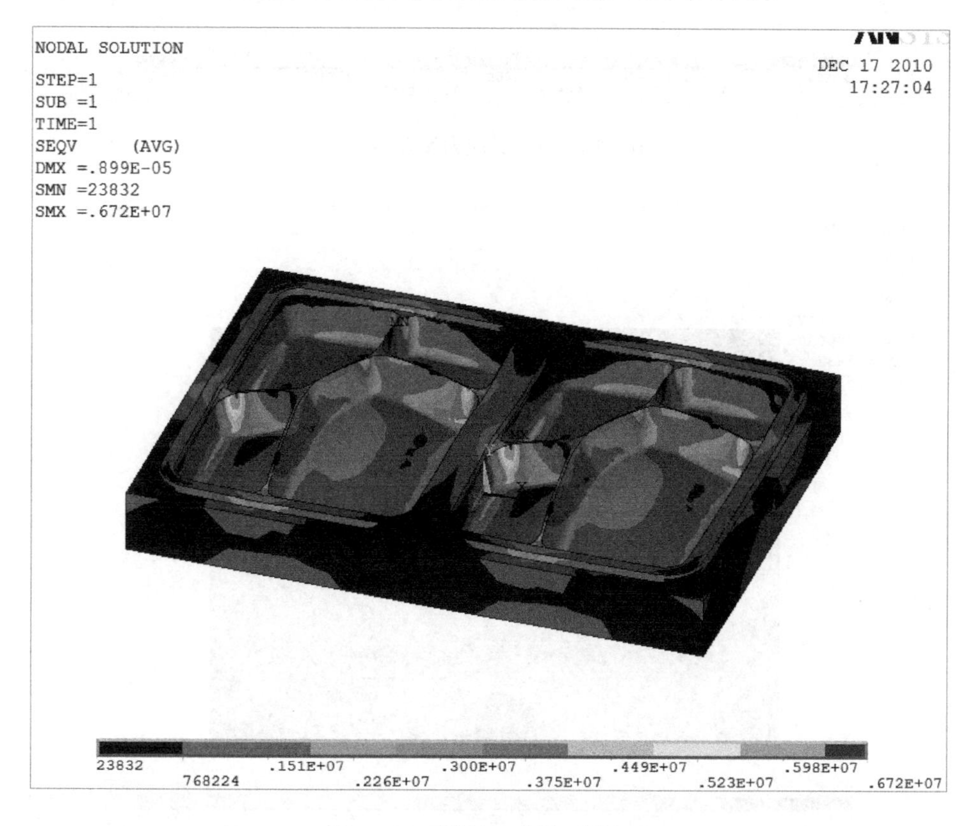

图 3-37　下模具应力场云图(一)

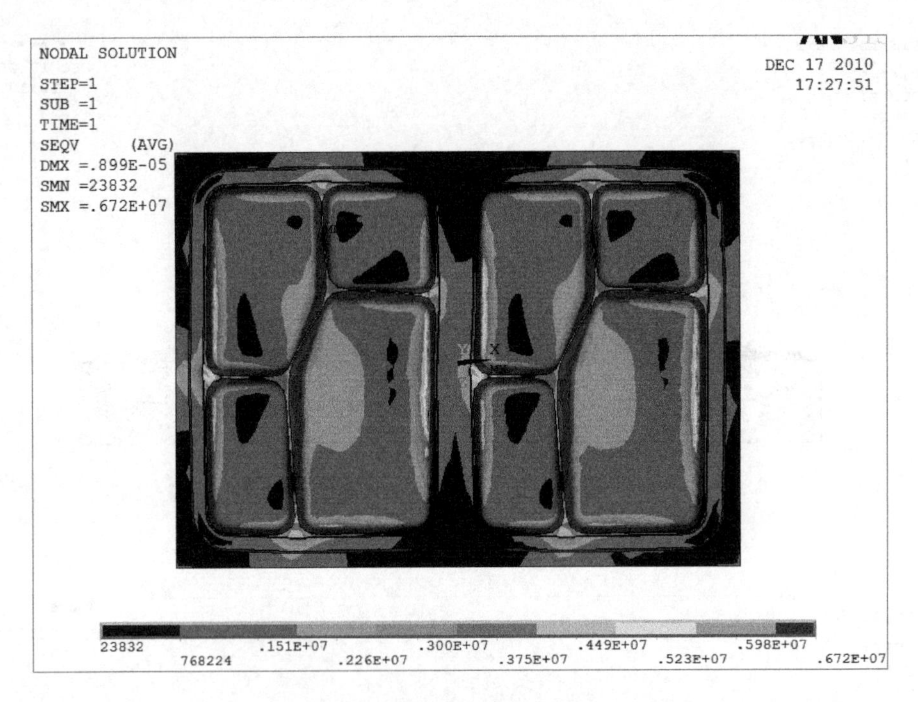

图 3-38　下模具应力场云图(二)

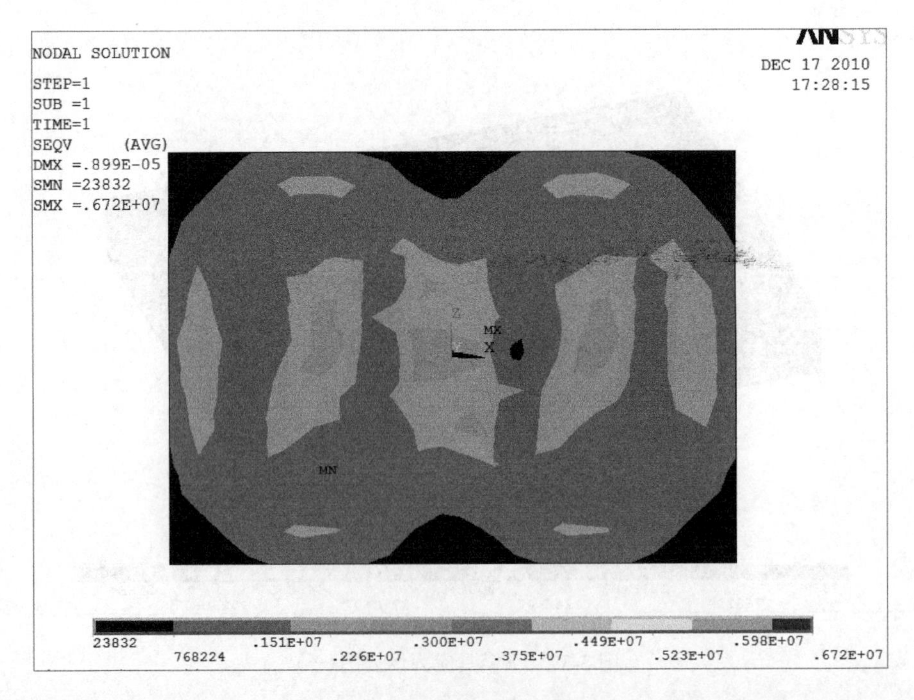

图 3-39　下模具应力场云图(三)

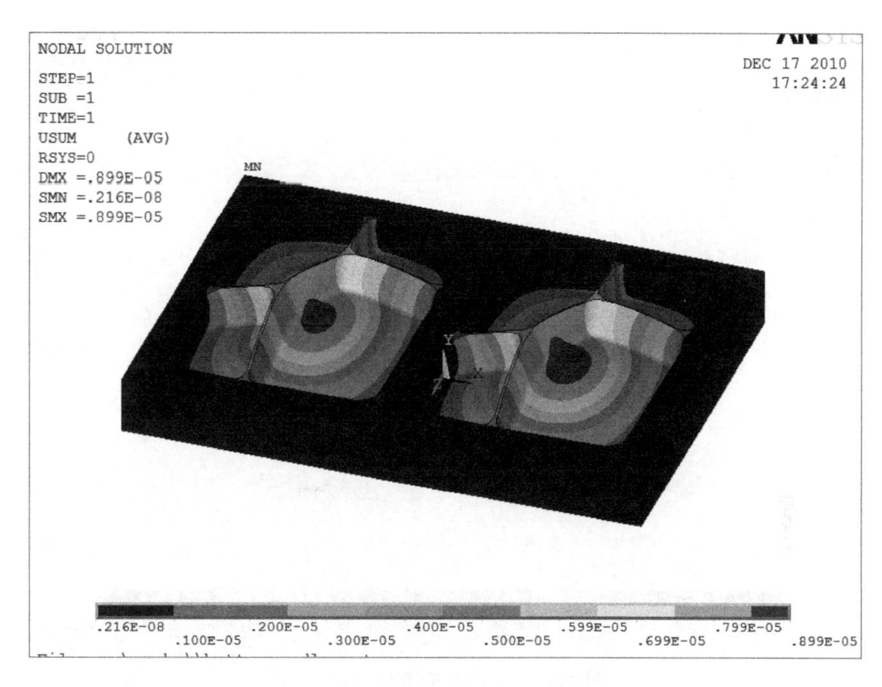

图 3-40　下模具应变场云图(一)

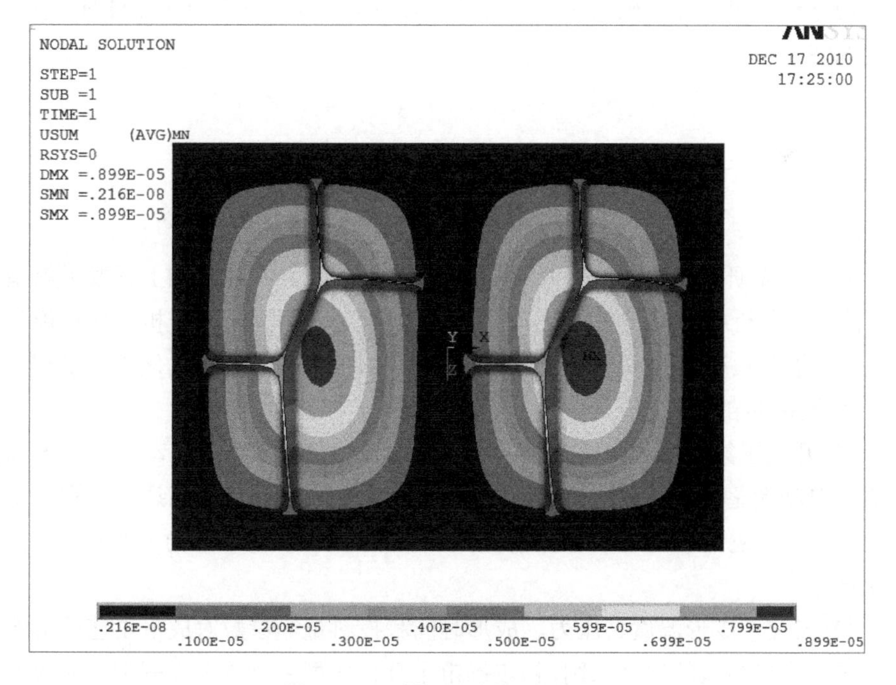

图 3-41　下模具应变场云图(二)

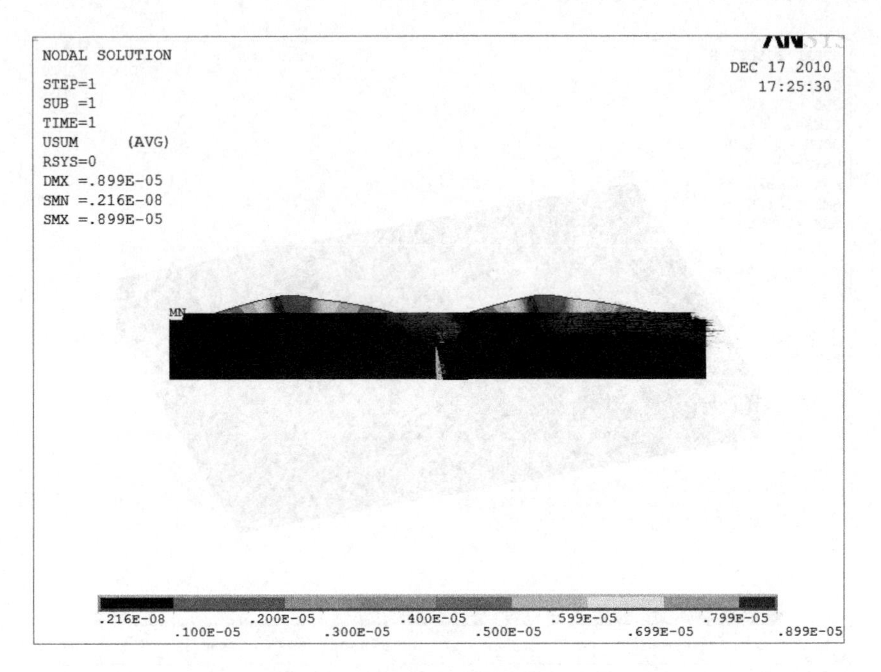

图 3-42　下模具应变场云图(三)

由分析结果可知下模具应力应变场分布情况，最大应力为 6.72MPa，最大变形为 8.99μm。

3.4　本 章 小 结

本章首先研究了生物质全降解制品的成形工艺，并在此基础上开发了新型模具；然后在分析成形模具实际工况的基础上，采用有限元方法分析了成形模具热场、热力耦合状况下的应力应变情况，为模具的设计和进一步优化提供了理论依据。本章主要结论如下：

(1)开发了集排汽无余料技术、楔形自动定位技术、强制自动脱模技术和掩口柔性自动调整技术等于一体的新型模具，使生物质全降解制品达到了实用工业化生产，产品避免了飞边、毛刺等缺陷，保证了产品质量，节约了原材料，提高了生产效率。

(2)研究了成形温度、压力、成形时间和投料量等参数对成形工艺的影响，提出了各成形参数的选择原则，初步确定了几种典型生物质全降解制品的成形工艺参数。

(3)建立了成形模具有限元模型，并结合模具工作实际工况对其施加约束，分析了模具热场情况下的温度分布情况。上模具工作部分最高温度T_{max}=179.064℃，位于餐盒顶部边缘部位；最低温度T_{min}=175.786℃，位于餐盒底部。下模板工作部分最高温度为T_{max}=178.048℃，位于餐盒底部；最低温度为T_{min}=171.216℃，位于餐盒顶部。

(4)把热场的分析结果作为约束和模具的受力约束同时施加在模具上，仿真分析模具在热力耦合情况下的应力应变情况。上模具应力应变场分布结果为，最大应力6.1MPa，最大变形3.92μm；下模具应力应变场分布结果为，最大应力6.72MPa，最大变形8.99μm。

第 4 章　生物质全降解材料微观结构及力学性能实验研究

由第 2 章和第 3 章可知，本书的生物质全降解制品生产采取淀粉发泡模压成形工艺技术，发泡材料具有节省原材料、质地轻便、保温效果好等优点，而本材料的组织结构、产品的力学性能和使用性能需要进行深入研究。本章首先研究生物质全降解材料的微观组织机理，并采用 SEM 技术对生物质全降解材料的微观组织形式进行分析。其次，以生物质全降解餐盒为研究对象，通过力学性能实验，获得生物质全降解材料的力学性能参数，并利用有限元方法对餐盒进行仿真，模拟餐盒在使用过程中的受压状况，确定生物质全降解餐盒的应力集中情况，并和餐盒在实验室受压状态下的情况进行对照，验证了计算机仿真的正确性，为该产品的使用和运输提供了理论基础。最后，以《塑料一次性餐饮具通用技术要求》(GB 18006.1—2009)为标准，研究生物质全降解餐盒的使用性能，主要包括质量测定、容积测定、耐水实验、耐油实验、负重性能实验、盒盖折次实验、含水率和跌落实验等，并与淀粉基塑料餐盒、纸浆模塑餐盒的使用性能进行对比。

4.1　发泡材料泡孔结构及表征

4.1.1　气体结构单元概念

气体结构单元(gas structural element，GSE)是替代传统“泡孔”概念的新形态学概念。GSE 是含有气体和固相的单元，是由气穴、壁及棱组成的空间结构统计平均模型，它组成了发泡材料的宏观结构。由于构型和微孔空间体积的不同，相似尺寸和形状的泡孔可形成不同类型的气体结构单元。另外，气体结构单元之间的相似性表明泡孔具有相似的尺寸、形状、壁、棱和分子空间。与无机多孔系统(发泡玻璃、发泡陶瓷、发泡水泥等)不同的是，发泡聚合物由于受填充空隙气体性质的影响，产生了孔隙率。

4.1.2　开孔结构和闭孔结构

气体填充聚合物可能包含孤立和连通的气体结构单元，如图 4-1 所示。改变聚合物的化学组成和发泡条件可得到闭孔占优势或开孔占优势的泡沫。从形态学的观点讲，开孔结构的获得应当满足下列条件：①每个球形或多边形泡孔必须有至少两个孔或两个破坏面；②大多数泡孔棱必须为至少三个结构单元所共有。

(a) 开放式气体结构单元

(b) 封闭式气体结构单元

图 4-1　气体结构单元示意图

与闭孔泡沫比较，开孔泡沫对水和湿气有更强的吸收能力，对气体和蒸汽有更高的渗透性，对热或电有更低的绝缘性，还有更好地吸收和阻尼声音的能力。但是开孔率提高其压缩强度明显下降。压缩强度是衡量泡沫塑料主要性能的指标之一，要生产高压缩强度的泡沫塑料，应提高闭孔率[154]。在开孔泡沫结构中，气相为空气，但在有孤立泡孔的闭孔泡沫中，根据所使用发泡剂的不同，气相由氢气、二氧化碳和挥发性液体组成[155]。

4.1.3　泡孔构型

泡孔构型液体泡沫中可能存在的 3 种泡孔构型，如图 4-2 所示。

由 Laplace 数学原理、Plateau 理论和液体泡沫稳定性理论可知，当气泡为严格的球形时，如图 4-2 (a) 所示，由于在这种情况下其界面面积和毛细管压力处于最小值，所以液体泡沫是最稳定的。对于单分散球形泡孔结构，当每个球接触 12 个邻近的小球时获得闭孔结构，此时气相体积为有效空间的 74%。如果气相体积比进一步提高，球趋于变成多边形，最为理想的情况是有五边形面的十二面体。规整的十四面体如图 4-2 (b) 所示，由于其几何机构更接近球体的规整几何形状，所以比十二面体更适合理想泡沫结构的形成。对于给定体积，球体、十四面体、十二面体的表面积比为1∶1.06∶1.10。而实际上真实泡沫结构更多地假设为十二面体形状，如图 4-2(c)所示，因为该形状有规则的五边形面，而十四面体由于不等角性促进不平衡的毛细管压力，因此得到更容易发生合并的泡沫结构。

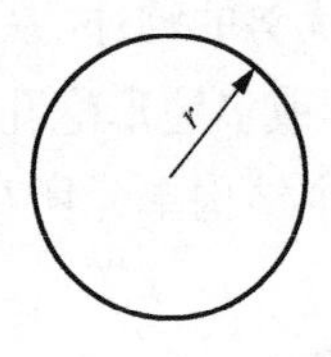

(a)球形

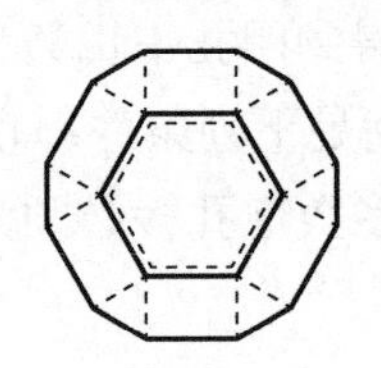

(b)十四面体(由6个正方形和8个六边形组成)

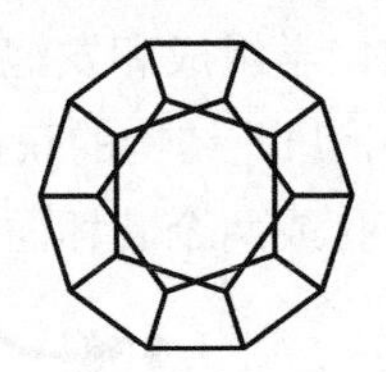

(c)十二面体(只由规则的五边形面组成)

图 4-2　不同形状泡孔的理想几何模型

根据相同尺寸的三个相互接触泡孔的不同结合形式，两个在前一个在后，得到如表 4-1 所示的泡孔壁和棱的形态类型。

表 4-1　气体单元结构壁和棱的各种关系

类型序号	泡孔结构类型	侧视图	横截面
1	独立分散体	l	
2	规整的十二面体		
3	排泄型十二面体		
4	规整的开孔十二面体		
5	最小表面积的十二面体		

第一种类型为泡孔的球形堆积。这种情况气相体积占总体积的比例低于74%，经常出现在高密度泡沫中。第二种类型为由完全规整的十二面体组成的结构。这种形式由于结构的棱中的毛细管压力无限高(由于零曲率半径)，实际上在液体泡沫中是不存在的。第三种类型为排泄型十二面体。这种情况出现在闭孔轻质泡沫中，气相占据的体积大于 74%。排泄作用趋于使十二面体发生面变形，对于给定聚合物，在膨胀过程中真实形状偏离规整十二面体的程度由聚合物的黏度和表面张力决定。当气相体积增大时，泡孔壁变薄，同时液相排泄到棱中，由于毛细管压力下降，一部分泡孔壁破裂，导致泡沫塌陷。第四种类型为开孔十二面体。若初始聚合物相的黏度足够高，可在开孔泡沫中观察到这种结构。若全部泡孔壁的1/6或更多发生破裂，将会得到完全的开孔泡沫。第五种类型称为网状结构，为具有最小表面积的十二面体，泡孔中的所有物质都排泄到棱中。

用显微镜可观察到多数闭孔泡沫的泡孔形状非常接近排泄型十二面体，其排泄度是指聚合物从泡孔壁向棱排泄的能力，对于硬质泡沫则低于软质泡沫。开孔泡沫的泡孔和棱的形状与开孔十二面体的结构相似，硬质泡沫的泡孔壁比软质泡沫更容易产生裂缝和空穴，大多数泡孔壁为五边形，其余是近似相等数量的正方形和六边形。硬质聚氨酯泡沫的泡孔则可能含有多达15个面的多面体，面的形状从三角形到八边形都有。

4.1.4　泡孔结构的表征

1. 泡孔尺寸

表征泡孔尺寸的方法有两种，其一是采用水力学半径，其值等于泡孔的横截面面积与横截面的周长之比，其二是取所有泡孔直径的平均值，其测量的是从显微照片中取许多泡孔直径的平均值，假设显微照片中显示的是泡孔的最大截面。数均泡孔直径计算如式(4-1)所示。

$$d_n = \frac{\sum d_i n_i}{\sum n_i} \tag{4-1}$$

式中，d_n为数均泡孔直径；n_i为当量直径为d_i的泡孔数。

2. 泡孔密度

泡孔密度是指泡沫每单位体积的泡孔数量，是塑料泡沫的泡孔尺寸和泡体密度的函数，由式(4-2)给出。

$$N_c \approx \frac{1-\rho/\rho_p}{10^{-4}d} \tag{4-2}$$

式中，N_c为泡孔密度，个/cm^3；ρ为泡沫密度，g/cm^3；ρ_p为聚合物基体密度，g/cm^3；d为平均泡孔尺寸，mm。

3. 泡孔壁厚

在泡沫结构中，即使相同密度也可能具有不同的泡孔尺寸。对于塑料泡沫的单分散性球形泡孔，平均壁厚δ和平均泡孔直径d之间的关系满足式(4-3)。

$$\delta = d\left(\frac{1}{\sqrt{1-\rho/\rho_p}}-1\right) \tag{4-3}$$

式中，ρ_p为未发泡聚合物的密度；ρ为泡沫塑料的密度。

在气相含量不同的情况下，不同的d值可能获得同样的壁厚δ，或在不同的壁厚δ值下可获得相同的泡孔尺寸d。因此，可通过改变泡孔尺寸或改变泡孔壁厚来控制泡沫的密度。

4.2 生物质全降解材料微观结构分析

结合第2章生物质全降解材料成形机理和配伍技术，在对生物全降解材料气体结构单元理论分析的基础上，本节采用SEM技术对生物质全降解材料的气泡存在形式进行分析研究。

4.2.1 气泡存在形式分析

本书选取三种全降解材料做断面结构SEM分析，如图4-3所示。在图4-3中，黑色部分是孔洞，白色部分是泡壁，白色到黑色过渡部分是泡壁的球面部分。泡孔与泡孔之间有隔膜隔开，不互相连通，独立存在的是闭孔，两个孔互相连通的是开孔。图4-3(a)材料的中间层呈现的是变形圆形或椭圆形的闭孔，分析认为本材料是由于发泡剂含量过低，或者发泡温度过低等造成发泡不充分。图4-3(b)材料的中间层主要以开孔为主，泡孔比较大，分析认为本材料是由成形过程中发泡剂过多，或者发泡温度过高导致的过度发泡造成的。图4-3(c)材料的中间层部分以闭孔为主，且大小、分布都比较均匀，分析认为本材料发泡时间最优，是最为期望的产品形式。这种泡孔结构支撑了材料整体的结构变形和缓冲压力，而闭孔使得材料具有良好的抗冲击性、反弹性、隔热保温性。三种材料靠近上下表面的部分泡孔都是小而密的闭孔，但是厚度不同。

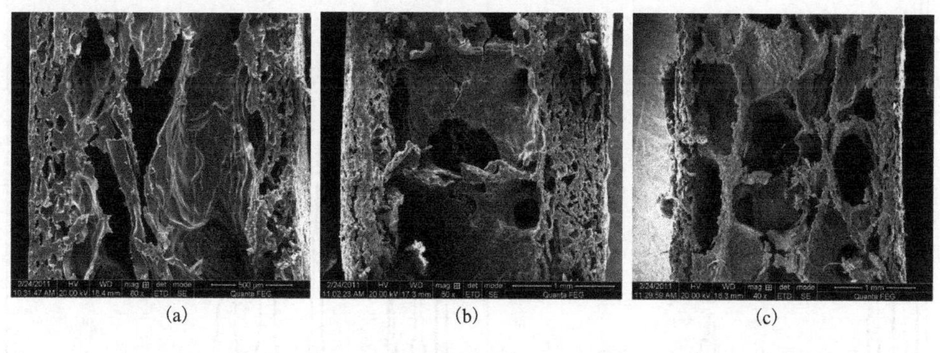

(a)　(b)　(c)

图 4-3　材料断面泡孔结构图

4.2.2　能谱分析

对图 4-3(c)中材料表面放大 800 倍进行观察，并在表面选取典型组织形态进行能谱分析，结果如图 4-4 所示。由图 4-4(b)～(d)可看出，点 1 处为白色颗粒团，在图中分布较多，从图 4-4(b)的能谱分析可知主要化学元素是 C、O、Mg、Si，分析认为该点聚集的主要成分为添加剂和淀粉，淀粉含量较少。点 2 处为横条状，从图 4-4(c)可看出，该点的主要化学元素是 C、O，结合图 4-3(a)的形貌，分析认为点 2 的主要成分是植物纤维，其表面附着有少量淀粉。点 3 处为黑色区域，从图 4-4(d)可看出该点的主要元素为 C、O、Mg、Si，分析认为该点聚集的主要成分为淀粉和添加剂，淀粉含量较多。

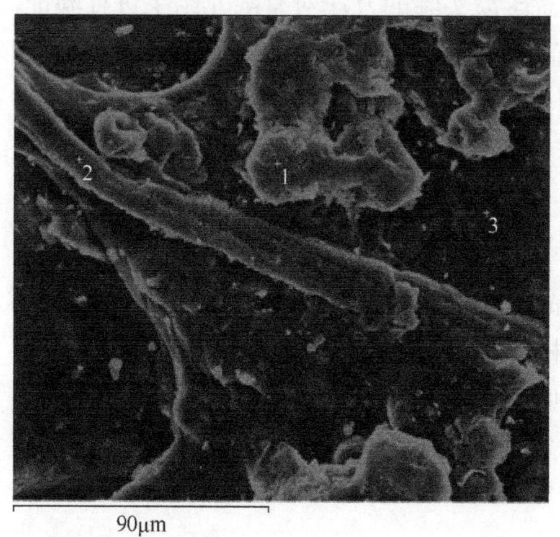

(a)

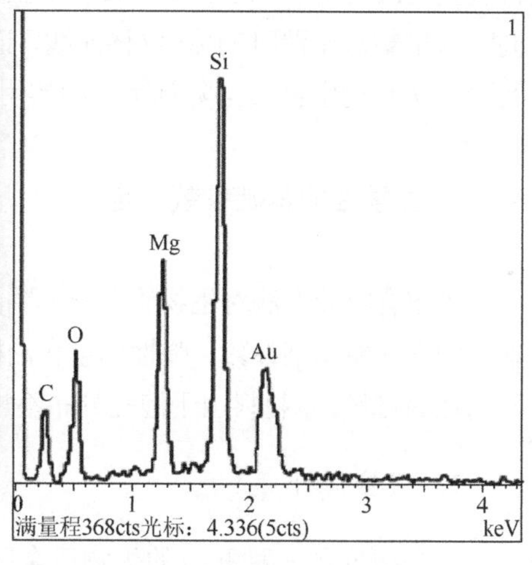

(b)

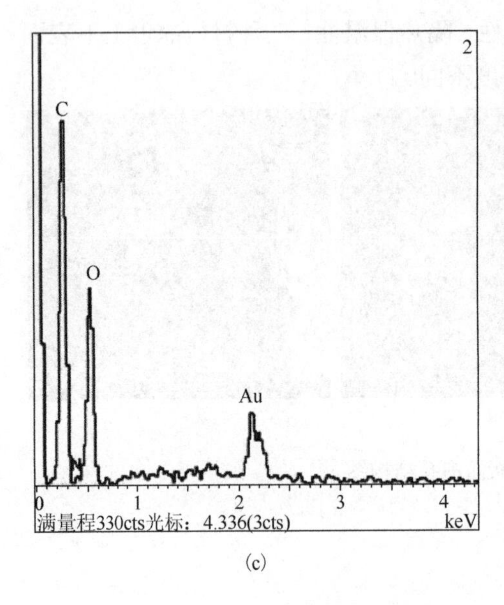

(c)

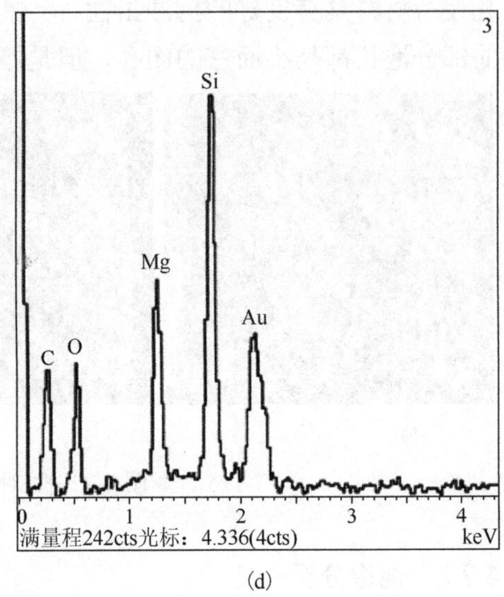

(d)

图 4-4 生物质全降解材料显微结构及点能谱分析图(×800)

图(b)～图(d)分别是图(a)中点 1、点 2、点 3 的能谱分析结果

4.3 餐盒有限元分析

4.2 节分析研究了生物质全降解材料的微观结构及泡孔形式，而该材料制成产品的力学性能和使用性能如何，需要做深入研究。本节首先采用有限元方法，分析餐盒的应力集中的位置。然后采用整盒压溃实验的方法对有限元结果进行验证，同时得出整盒压溃时的力-位移曲线，证明该材料产品具有良好的韧性。最后采用实验方法研究生物质全降解制品的实用性能，证明该材料具有很好的使用性能。

4.3.1 力学性能基础参数测定

采用有限元方法对生物质全降解制品进行仿真，首先采用实验的方法得到该材料的力学性能基础参数：弹性模量和泊松比。需要指出的是，有限元方法适用于各向同性的材料，本材料由于泡孔分布不规则，有关学者认为该材料具有各向同性[81]。

1. 实验材料

本书研究了三种配方的生物质全降解餐盒。

材料一(M1)：植物纤维(稻草纤维)20%、淀粉(玉米淀粉)30%、碳酸钙和添加剂(发泡剂、增塑剂)50%。

材料二(M2)：植物纤维(稻草纤维)25%、淀粉(玉米淀粉)25%、碳酸钙和添加剂(发泡剂、增塑剂)50%。

材料三(M3)：植物纤维(稻草纤维)30%、淀粉(玉米淀粉)20%、碳酸钙和添加剂(发泡剂、增塑剂)50%。

按国家标准 GB/T 228—2002 将各类生物质全降解餐盒做成标准拉伸试样尺寸，并粘贴应变片，如图4-5所示。

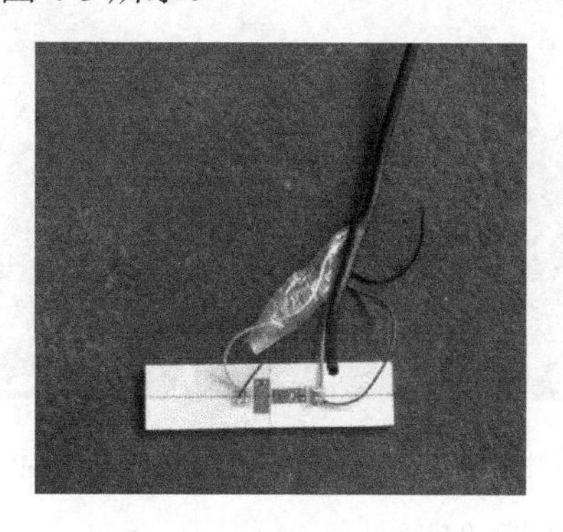

图4-5　应变片位置

2. 实验设备

(1)电子万能实验机，设备型号 RSA250，生产厂家 SCHENCK TREBEL。

(2)智能信号采集处理分析仪，设备型号 INV306D，生产厂家北京东方振动和噪声技术研究所。实验设备如图4-6所示。

图4-6　实验设备

3. 实验过程

在恒温条件下，把标准试样放置在电子万能实验机上以 0.5mm/min 的速度进行加载，实验过程如图 4-7 所示。实验采集的弹性模量和泊松比数据分别如图 4-8 和图 4-9 所示。

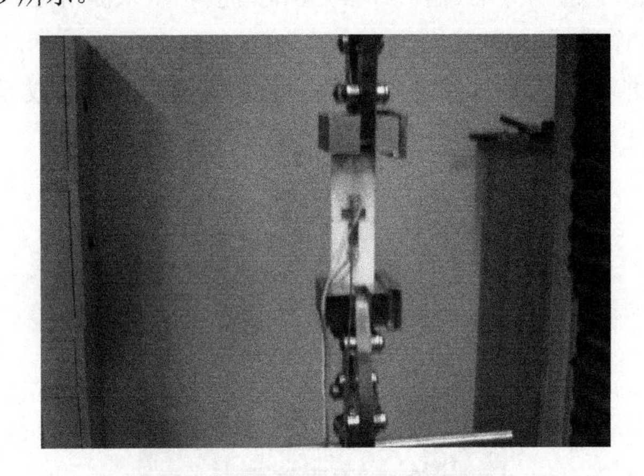

图 4-7　弹性模量、泊松比测量实验

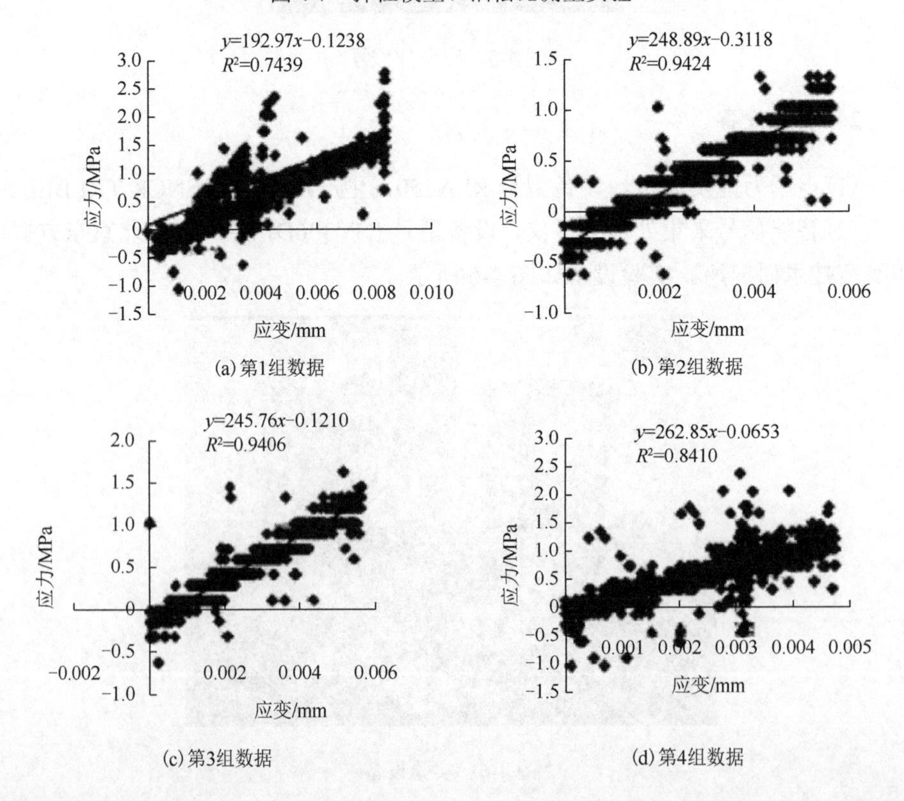

(a) 第1组数据　(b) 第2组数据

(c) 第3组数据　(d) 第4组数据

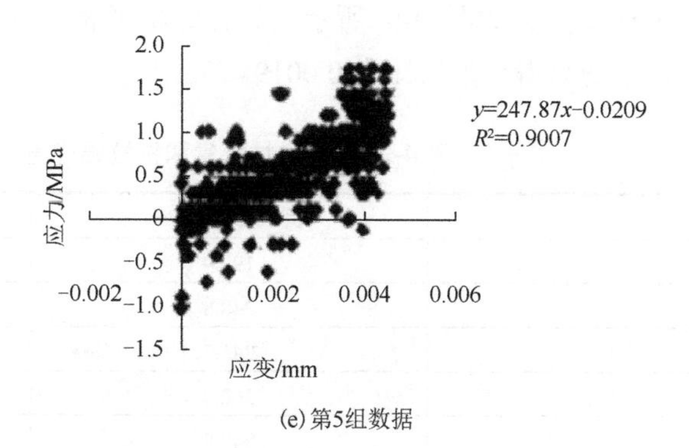

(e) 第5组数据

图 4-8　弹性模量实验数据

y 为纵坐标；x 为横坐标；R^2 为相关系数

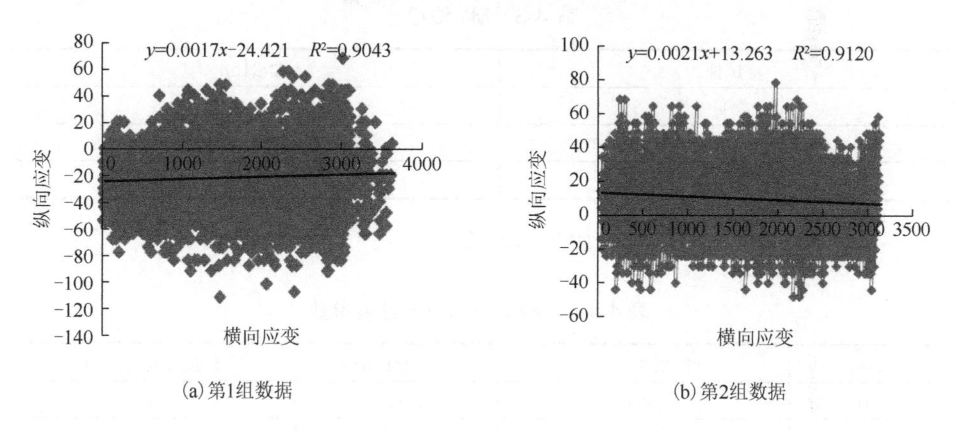

(a) 第1组数据　　(b) 第2组数据

图 4-9　泊松比实验数据

y 为纵坐标；x 为横坐标；R^2 为相关系数

弹性模量 E 和泊松比μ的计算公式如式(4-4)和式(4-5)所示

$$E=\frac{\sigma}{\varepsilon}=\frac{F}{A\varepsilon}\ (\text{MPa}) \tag{4-4}$$

$$\mu=\left|\frac{\varepsilon'}{\varepsilon}\right| \tag{4-5}$$

式中，F 为试件所受载荷，N；ε、ε' 为纵向应变和横向应变，mm；A 为试件的截面面积，m^2。

根据实验所测数据(图 4-8)，经拟合处理后，M1 弹性模量和抗拉强度数值列入表 4-2。从表 4-2 可以看出，M1 的弹性模量为 239.6MPa，抗拉强度为 0.39MPa。

M1 泊松比数据如图 4-9 所示，经计算机拟合处理后，把泊松比数值列入表 4-3 中，平均后得到泊松比为 0.0019。

表 4-2　M1 弹性模量和抗拉强度值

试件	弹性模量/MPa	抗拉强度/MPa
1	192.9	0.38
2	248.8	0.45
3	245.7	0.35
4	262.8	0.44
5	247.8	0.33
平均值	239.6	0.39

表 4-3　M1 泊松比

试件	泊松比μ
1	0.0017
2	0.0021
平均值	0.0019

三种材料的力学性能参数如表 4-4 所示。

表 4-4　三种材料的力学性能参数

材料	弹性模量 E/MPa	泊松比μ	抗拉强度σ_b/MPa
M1	239.6	0.0019	0.39
M2	250.3	0.0022	0.43
M3	248.7	0.0017	0.45

4.3.2　餐盒有限元分析

餐盒在运输使用过程中容易受到压力，采用有限元方法模拟餐盒在受压情况下的破坏状况，探索餐盒在外载荷作用下其内部的应力分布规律。在分析过程中，采用 M1 的力学性能参数。

1. 模型的建立

用三维软件 Pro/E 对餐盒建模，如图 4-10 所示。利用 Pro/E 软件中与有限元分析软件 ANSYS 的接口，将模型导入 ANSYS。

图 4-10　餐盒有限元模型

2. 网格划分

选用三维实体单元 SOLID187 进行网格划分，通过自由网格划分(smart size=5)，将餐盒有限元模型划分为 11564 个单元，共 5649 个节点，网格划分后的餐盒有限元模型如图 4-11 所示。

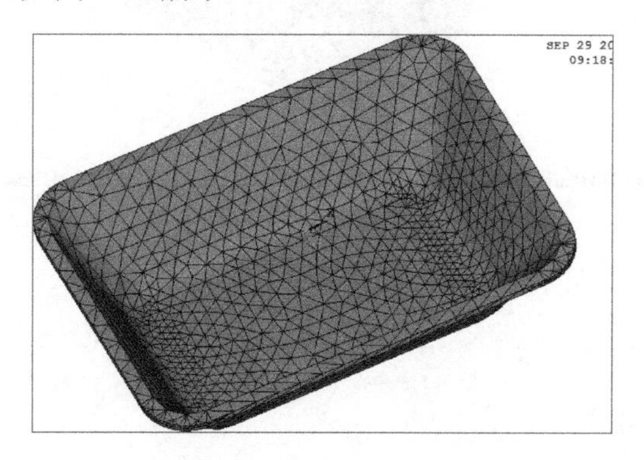

图 4-11　网格划分图

3. 材料属性

设置弹性模量 239.6MPa、泊松比 0.0019。

4. 约束和载荷

模型底部约束一个竖直方向的移动自由度，并在餐盒上边缘施加均布载荷，均布载荷 q 的计算如式(4-6)所示。

$$q = \frac{F_{\max}}{S} \quad (\text{MPa}) \tag{4-6}$$

式中，F_{max}为餐盒压缩破坏平均极限载荷，N；S为餐盒上边缘面积，mm^2。

5. 结果分析

餐盒应力和应变分析结果如图 4-12 和图 4-13 所示。由图可以看出，餐盒四个角出现应力集中，其值为 17.294MPa，应变值为 0.072707mm；餐盒底部所受应力最小，其值为 0.432028MPa，应变也最小。餐盒盒体周围所受应力及产生的应变都比餐盒底部大，故餐盒四角的应力集中成为餐盒承载强度的瓶颈，应着手改善餐盒的结构设计，减小餐盒四角的应力分布。

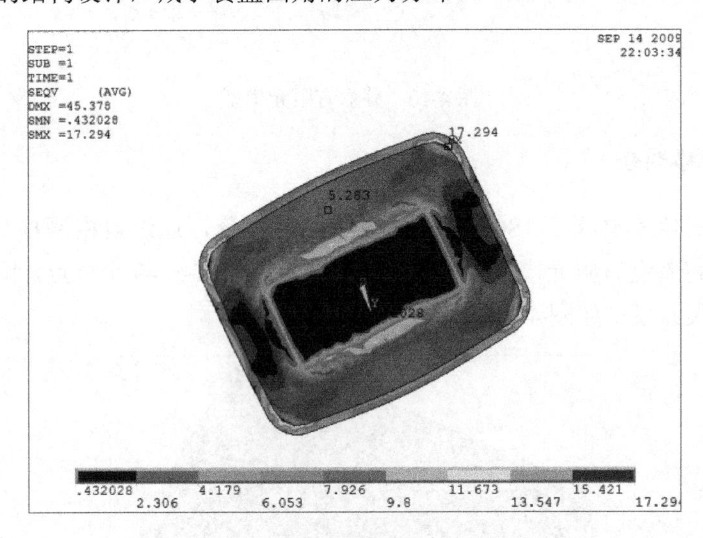

图 4-12　餐盒应力分布云图

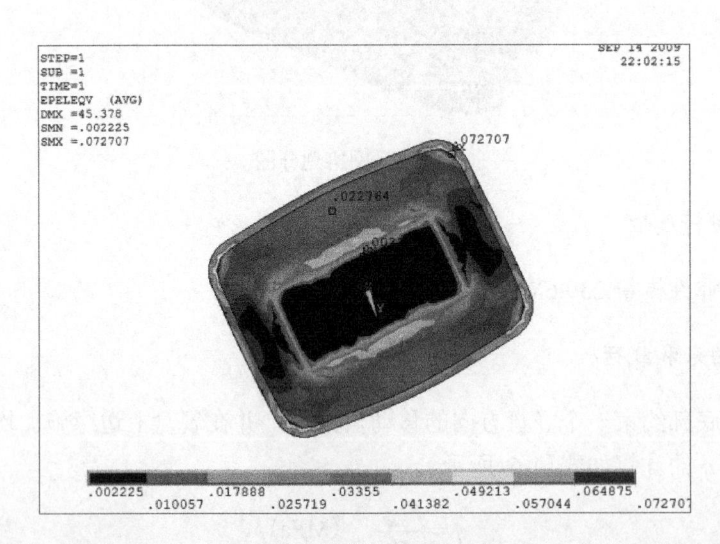

图 4-13　餐盒应变分布云图

4.3.3　结果分析

餐盒压溃力-位移曲线如图 4-14 所示。图 4-14 表明，生物质全降解餐盒材料在力学性能上表现出明显的韧性特征，在餐盒压缩到峰值载荷约 957N 以后仍然能够承受外力继续变形。餐盒的四个上角由于是应力集中的地方，在压缩过程中率先出现了撕裂现象(图 4-15)，这与有限元分析的结果相吻合。在进行餐盒结构设计时，应尽量在这个位置避免应力集中。

M2 和 M3 分别进行有限元仿真和整盒压溃实验，得出了和 M1 同样的结论。

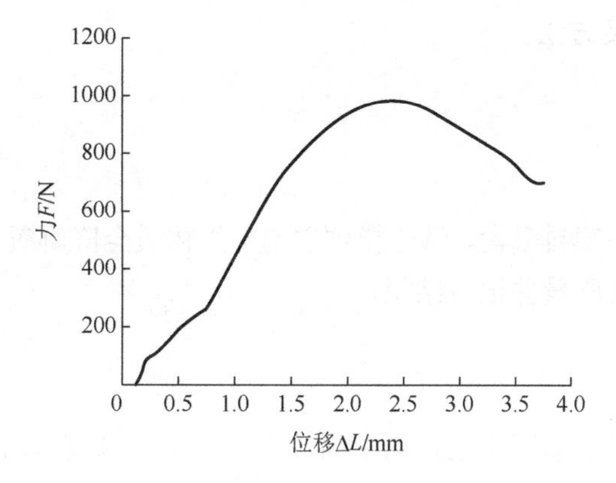

图 4-14　餐盒压溃力-位移曲线

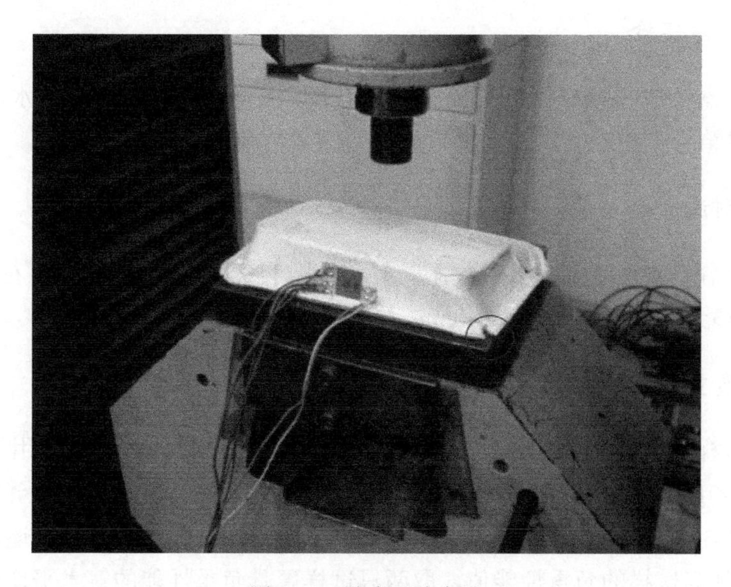

图 4-15　整盒压溃实验

4.4 餐盒使用性能研究

本节以生物质全降解餐盒为研究对象，并将淀粉基塑料餐盒、纸浆模塑餐盒作为对比，以《塑料一次性可降解餐饮具通用技术要求》(GB/T 18006.1—2009)为标准，研究其使用性能，主要包括质量测定、容积测定、耐水实验、耐油实验、负重性能实验、盒盖折次实验、含水率和跌落实验等。

4.4.1 实验内容及方法

1. 质量测定

分别取淀粉基塑料餐盒、纸浆模塑餐盒、生物质全降解餐盒各两个，依次使用电子天平测定其质量并记录结果。

2. 容积测定

将空心制品置于水平桌上，用量筒注入水至离上边缘(溢出面)5mm 处，记录其体积(V)，精确至±2%。

3. 耐水实验

将餐盒平放在衬有滤纸的搪瓷盘上，倒入温度为(90±5)℃的水，再移到60℃恒温箱静止 30min 后，观察背面、两侧是否有渗漏痕迹。

4. 耐油实验

将餐盒平放在衬有滤纸的搪瓷盘上，加入(150±10)℃的食用油(花生油、豆油)，再移到 60℃恒温箱静止 30min 后观察餐盒是否漏油和变形。

5. 负重性能实验

取试样餐盒两个，将餐盒盖打开倒扣排放在平滑桌面上，再用平板玻璃(200mm×150mm×3mm)放在盒底上。先用金属尺测量玻璃下表面至桌面的高度。再将 3kg 砝码置于平板玻璃中央，负重 1min，立即精确测量上述高度。用式 (4-7)计算试样的负重性能值，取两只试样餐具负重性能的算术平均值为产品的负重性能，如式(4-7)所示。

$$W = \frac{H_0 - H}{H_0} \times 100\% \tag{4-7}$$

式中，W为试样负重性能值，%；H_0为试样高度，mm；H为试样负重后的高度，mm。

6. 盒盖折次实验

将试样盒盖连续 180°角开合 15 次，观察与盒体连接处应无裂口、开裂。

7. 含水率

将试样粉碎后，分别放入两个已经称重的试样瓶中。称重得出的质量减去试样瓶的质量得出 m_1，然后将试样瓶放入干燥器中。用干燥器将六个试样瓶送到放烘干箱的实验室中。将试样瓶放在(105±2)℃的烘箱中烘干。烘干时，可将容器的盖子打开，也可将样品取出来摊开，但试样和容器应在同一个烘箱同时烘干。烘干 1h 后，迅速将试样放入容器中并盖好盖子，然后将容器放入干燥器中冷却，冷却时间可根据不同的容器估计出来。将容器的盖子打开并马上盖上，以使容器内外的空气压力相等，然后称量试样干燥后的质量，并计算出干燥试样的质量 m_2。取两次试样的算术平均值为测定结果。水分的计算如下：

$$X = \frac{m_1 - m_2}{m_1} \times 100\% \tag{4-8}$$

式中，m_1为烘干前的试样质量，g；m_2为烘干后的试样质量，g。

8. 跌落实验

常温下，将餐盒距平整水泥地面 0.8m 的高处底部朝下自由跌落一次，观察试样是否完好无损。

实验过程如图 4-16 所示。

(a)质量测定

(b)容积测定

(c)耐水测定

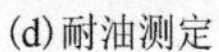

(d) 耐油测定　(e) 负重性能测定　(f) 含水率测定

图 4-16　餐盒使用性能实验

4.4.2　实验结果及分析

从表 4-5 可以看出：生物质全降解餐盒满足《塑料一次性餐饮具通用技术要求》(GB/T 18006.1—2009) 规定的各项使用性能的要求。其中，负重性能在三种餐盒中最好。

表 4-5　餐盒使用性能实验

编号	测试内容	淀粉基塑料餐盒			纸浆模塑餐盒			生物质全降解餐盒			国标要求
		1	2	平均	1	2	平均	1	2	平均	
1	质量测定/g	14.5476	15.1687	14.85815	23.6718	27.3696	25.5207	33.6862	35.618	34.6521	无要求
2	容积测定/mm^3	213	211	212	463	459	461	532	522	527	±5%
3	耐水实验	无漏	无漏	无漏	无漏	无漏	无漏	无漏	无漏	无漏	无变形、起皱、渗漏
4	耐油实验	无漏	无漏	无漏	无漏	无漏	无漏	无漏	无漏	无漏	无变形、起皱、渗漏
5	负重性能实验/%	5.556	4.8387	5.1974	3.7500	3.7500	3.7500	1.1628	1.1364	1.1496	≤5%
6	盒盖折次实验	无损坏	无损坏	无损坏	无损坏	无损坏	无损坏				无损坏
7	含水率/%	0.06184	0.08426	0.07226	5.24557	5.21131	5.22883	5.88538	5.64214	5.75401	≤7%
8	跌落实验	无损坏	无损坏	无损坏	无损坏	无损坏	无损坏	无损坏	无损坏	无损坏	无损坏

4.5 本章小结

本章首先研究了生物质全降解材料的微观组织形式形成机理，并采用 SEM 技术对生物质全降解材料的微观组织形式进行分析。其次，以生物质全降解餐盒为研究对象，通过力学性能实验，获得生物质全降解材料的力学性能参数，并利用有限元方法对餐盒进行仿真，模拟餐盒在使用过程中的受压状况，确定生物质全降解餐盒的应力集中情况，并和餐盒在实验室受压状态下的情况进行对照，验证了计算机仿真的正确性，为该产品的使用和运输提供了理论基础。最后，以《塑料一次性餐饮具通用技术要求》(GB/T 18006.1—2009)为标准，研究生物质全降解餐盒的使用性能，主要包括质量测定、容积测定、耐水实验、耐油实验、负重性能实验、盒盖折次实验、含水率和跌落实验等，并与淀粉基塑料餐盒、纸浆模塑餐盒的使用性能进行了对比。本章主要结论如下：

(1)研究了生物质全降解材料的微观组织形成机理，并采用 SEM 技术对生物质全降解材料的微观组织形式进行分析，提出了该材料泡孔的闭孔存在形式使得材料具有良好的抗冲击性、反弹性和隔热保温性，材料性能最优。

(2)测定了三种配方的生物质全降解餐盒材料基础参数：弹性模量 E、泊松比μ、抗拉强度σ_b。

(3)通过实验和仿真对比，确定了生物质全降解餐盒四个上角位置为应力集中位置，为餐盒的结构设计提供了理论依据。

(4)通过餐盒整体压溃实验，得出餐盒的力-位移曲线，峰值载荷约 957N，证实餐盒具有良好的韧性，为餐盒的运输、使用等提供了理论基础。

(5)生物质全降解餐盒满足《塑料一次性餐饮具通用技术要求》(GB/T 18006.1—2009)规定的各项使用性能的要求，主要包括质量测定、容积测定、耐水实验、耐油实验、负重性能实验、盒盖折次实验、含水率和跌落实验等。

第 5 章 生物质全降解制品降解机理及实验验证

生物质全降解制品是以植物纤维、淀粉等可再生资源为主料，植物纤维和淀粉都具有完全生物降解性，生产过程中也未加入非降解的添加剂等，因此从原料角度来讲，制品应具有很好的降解性能，而制品的降解机理和降解历程需做深入研究。本章首先提出生物质全降解材料在自然界中的双阶段降解机理，废弃制品进入自然环境中，填埋之前以纤维素光降解和热降解为主，填埋进土壤后以微生物降解和水解为主，最后实现完全生物降解。然后以霉菌实验的方法，研究生物质全降解餐盒在整个降解周期内的微生物生长程度和质量损失率，探讨试样大小、环境条件对降解性能的影响，并把这些降解指标与作为阳性对照的滤纸和作为阴性对照的聚乙烯塑料进行对比分析。同时，还与纸浆模塑餐盒、淀粉基塑料餐盒的降解性能进行对比。

5.1 基 础 理 论

5.1.1 降解理论

结合高分子化学相关理论，纤维素的降解主要包括以下几种方式[156]。

1. 纤维素水解反应

纤维素水解作用可分为酸性水解和碱性水解。大多数温带土壤一般呈中性偏酸性，因为土壤中吸附的氢离子量大大超过氢氧离子量。天然纤维素是以 D-葡萄糖基 1，4-β 苷键相互连接而成的多糖。纤维素大分子中每个基环均由 C2、C3 仲醇羟基和 C6 伯醇羟基等三个醇羟基组成。纤维素分子的两个末端基中，在其中一端的葡萄糖基中，第四碳原子上多一个伯醇羟基，而在另一端的葡萄糖基中，在第一碳原子上多一个苷羟基，由于该羟基上的氢原子很容易易位与氧环上的氧结合，把环式结构变为开链式结构，因此第一碳原子便变为醛基，同时，纤维素大分子的葡萄糖基间都是以 β-苷键连接，纤维素水解过程中长链断裂，形成一些中间产物，如纤维素四糖、纤维素三糖和纤维素二糖等，发生了水解反应。

2. 氧化降解反应

纤维素氧化降解反应主要发生在纤维素的 D-葡萄糖基 C2、C3、C6 位醇羟基上，同时也发生在纤维素还原性末端的 C1 位置上。纤维素受到氧化后将会导致两个结果：第一，当纤维素分子链氧化到某种程度时，将在 C2、C3、C6 上形成羰基，从而引起 1，4-β 苷键断裂而导致纤维素大分子链降解。第二，纤维素受氧化后，可以降解形成一系列有机酸，形成末端羧酸或非末端羧酸。

3. 光降解

光降解是指高分子材料由于受到光照而发生包括材料物理力学性能变坏、分子链断裂以及化学结构变化的过程或现象。高分子材料制品在使用环境下，因受到诸如光、热、氧、水分、微生物等各种环境因素的作用，而发生老化降解。一般认为，在户外各种大气环境中，光是导致高分子材料制品老化降解的主要因素，而且太阳光谱中的近紫外光波段是主导高分子材料最初光化学过程的主要因素。太阳光到达地球表面的紫外光波长一般是在 290～400nm 范围内，约占达地面太阳光谱的 5%，如表 5-1 所示。根据光量子理论，光波长越短，光量子所具有的能量越大，在 290～400nm 范围的紫外光所具有光能量高于引起高分子链上各种化学键断裂所需要的能量，因此太阳光到达地面的紫外光波完全可以使高分子材料发生断键导致降解，如表 5-2 所示。从表 5-2 可以看出，太阳光的紫外辐射可以切断大多数高分子的化学键。但是，由于正常的高分子结构对太阳紫外光的吸收速度很小，高分子的光物理过程可消耗大部分被吸收的光能，使量子效率很低，因此实际上所引起的光降解速度很慢。另外一个原因是各种高分子结构对光波波长的敏感性不同，如果所吸收的波长不是某种高分子的敏感波长，其降解老化作用就很小。

表 5-1　地面太阳光的组成

太阳光波长/nm	290～320	320～360	360～480	480～600	600～1200	1200～2400	2400～4300
所占比例/%	2.0	2.8	12.6	21.9	38.9	21.4	0.4

表 5-2 化学键强度（键能）及具有相近能量的紫外光波长[160]

化学键	键能/(kJ/mol)		波长/nm	光波能量/(kJ/mol)
O—H	463.0	—	259	—
C—F	441.0	—	272	—
C—H	413.6	335～418	290	418
N—H	389.3	—	300～306	约 397
C—O	351.6	314～335	340	约 351
C—C	347.9	—	342	—
C—Cl	328.6	293～360	350～364	≤340
C—N	290.9	250～272	400～410	≤297

高分子材料在实际使用环境中，由于氧气的存在，其光降解的过程实质上是光-氧化降解过程。氧化对光降解过程起着强烈的促进作用，使高分子材料老化过程和机理变得相当复杂[157,158]，降解过程简要如下。

(1) 自然界中的三线态氧分子 $^3O_2$ 因吸收光能而跃迁变成活性很大的单线态氧分子 $^1O_2$。

(2) 聚合物和单线态氧分子反应生成氢过氧化物 ROOH，形成了生色团，使聚合物更容易吸收紫外光而发生降解。

(3) ROOH 吸收光能后生成 RO· + ·OH，而 RO—OH 键离解能小，容易降解。

(4) RO·游离基夺取聚合物中的氢原子，生成大分子游离基 R·，由于 R·容易氧化生成 ROO·，因此继续催化聚合物氧化。

(5) RO·也会经过歧化作用发生断链，产生羰基和大分子游离基。

(6) 羰基容易吸收紫外光发生 Norrish I 型反应（α 断裂），分子量下降同时，又生成两个新的游离基。若聚合物分子支链存在，也可能发生 II 型反应（β 断裂），生成双键和新的羰基产物。

纤维素分子链上的羰基会吸收 290～400nm 的紫外光而使键发生断裂，大分子断裂成小分子，达到光降解的目的，同时光降解产物可以作为微生物的碳源。

纤维素的光降解包括直接光降解和光敏降解。纤维素受光的辐照吸收光能后，使化学键断裂称为直接光降解。纤维素直接光降解引起强度下降，溶解度和还原能力增加，聚合度下降并形成羰基。直接降解过程中光被纤维素吸收，且光子的能量足以引起 C—C 键和 C—O 键的断裂，所以纤维素分子吸收光发生直接光降解所需的能量相当于波长 3400×10^{-10}m 或更短的紫外光。纤维素能吸收近紫外光或可见光，并利用所吸收的能量引发纤维素降解，称为纤维素的光敏降解[156,159]。

4. 热降解

热降解是纤维素长链受热发生断裂，大分子变小，导致纤维素聚合度降低，纤维素材料的强度降低。

5. 微生物降解

微生物降解是利用微生物及其代谢产物——酶的侵蚀使纤维素大分子链断裂的一种降解方法。在土壤中，降解作用最显著的微生物包括细菌(铜绿色假单孢菌、蜡样芽孢杆菌)、真菌(黑曲酶、黄曲酶)和放线菌(链霉菌种)等[161]。微生物的降解作用主要包括微生物的物理降解和化学降解等方式。

(1)微生物的物理降解：是指聚合物生物物理作用而发生的降解过程，当微生物进攻高聚物材料后，由于生物细胞的增长使聚合物组分水解，电离或质子化而分裂成低聚物碎片，聚合物分子结构不变。

(2)微生物的化学降解：微生物及其代谢产物——酶对纤维素的侵蚀过程，纤维素大分子在光降解、机械降解和水解等作用下，链断裂成纤维素二糖或 D-葡萄糖，微生物吸收这些单糖后构成细胞分子的骨架，并作为代谢产物的碳素来源。其中，纤维素酶在以后的侵蚀纤维素过程中起主要作用，这种酶是三种酶的混合体，包括内切葡聚糖酶、外切葡聚糖酶和 β-葡萄糖苷酶等，共同起催化水解作用。

6. 淀粉的微生物降解

淀粉是一种天然可生物降解聚合物，在微生物作用下分解为葡萄糖，最后代谢为水和二氧化碳。

5.1.2　降解环境条件

生物质全降解制品废弃后进入自然界的降解主要是土壤中的微生物和外界环境中各种条件的共同作用。

1. 微生物的种类

土壤微生物根据形态和生理活动特点，可分为细菌、放线菌、真菌、藻类和原生动物等。

细菌：原核微生物，单细胞，是土壤微生物中数量最大、作用强度最大和影响范围最广的一类微生物。其每个细胞就是一个独立的生活个体，常聚集成为群体，但每一个个体仍独立进行生命活动。由于他们个体小，数量大，与土壤接触的表面积亦大，是土壤中最大的生命活动面，时刻不停地对周围物质起作用。细菌在土壤中的分布一般以表层最多，随土层加深而逐渐减少。

放线菌：属于原核细胞微生物，单细胞，菌体呈分枝的放射状丝状体，称为菌丝体。放线菌是在土壤中具有分解有机残体，转化碳、氮、磷等化合物的作用，同时对木素、单宁、纤维素、腐殖质等较难分解物质具有很强的分解能力。它在土壤中的数量仅次于细菌，适合生长在碱性、干旱和有机物质丰富的土壤中。

真菌：属于真核微生物，多为细胞分枝或不分枝的丝状体，菌丝宽度比放线菌菌丝大几倍至几十倍。真菌属于有机营养型微生物，具有好气性，广泛分布于土壤表层。真菌耐酸，喜湿，不耐干旱，由于在 pH 等于 5.0 左右酸性土壤中能活跃生长，因此能在阴暗潮湿的森林残落物层尤其针叶林残落物层活动。真菌具有复杂酶系统，分解有机质的能力强，能分解木素、单宁等复杂的有机物，是木植物残体的主要腐蚀者。真菌能以菌根状态与松柏科、桦木科、壳斗科、胡桃科等寄生树种建立共生关系。菌根可以部分代替吸收根的作用，加强营养物质和水分供林木利用，而寄生真菌则从寄主体内获得糖类、氨基酸等作为自身营养。

藻类和原生动物：土壤中的藻类主要是单细胞的硅藻或呈丝状的绿藻和裸藻。

2. 微生物生存环境

影响土壤微生物生命活动的主要因素包括以下内容。

(1) 土壤有机质：土壤中绝大多数微生物以有机物作为碳源和能源，所以有机质含量丰富的土壤微生物数量多，反之则少。有机质的成分和分解阶段决定着分解转化微生物的类型，因此土壤中有机质的数量、成分对土壤微生物的数量、类型、分布等都有很大影响。

(2) 土壤水分：水是生物生存的基本因素，微生物细胞含水 70%～85%。土壤中的细菌生活在土粒表面的水膜中，放线菌和真菌菌丝生长在水溶液或潮湿的土壤空气中。因此，土壤过于干旱，微生物便不能生长。

(3)土壤空气：土壤中微生物分为好气性、厌气性和兼气性，因此土壤的通气状况对土壤微生物的类型和数量有很大的影响。若土壤通气良好，有充足氧气供应，厌气性微生物活动力弱，甚至会中毒死亡，而好气性微生物生长旺盛，土壤中有机物质的分解迅速而彻底，有机物质不易积累。若土壤通气不良，则有利于厌气性微生物生活，有机物质因分解缓慢不彻底，而易于积累。

(4)土壤温度：土壤微生物生活需要一定温度，温度超出其适应的最低和最高限度时会出现微生物死亡现象。微生物都在最低和最高温度之间有一最适宜温度，根据最适宜温度可把土壤微生物分为高温性、中温性和低温性三类，如表5-3所示。

表5-3 土壤微生物适宜温度

类型	最低温度/℃	最适宜温度/℃	最高温度/℃
高温性	30	45～55	70～80
中温性	5	25～37	45～50
低温性	0	10～15	25～30

(5)土壤酸碱度：不同类型的土壤微生物对土壤酸碱反应有不同的要求，过酸、过碱都会影响或者限制它们的生命活动。我国土壤的pH一般变化在4.5～8.5，而土壤中大多数细菌、藻类和原生动物的最适宜pH为6.5～7.5，放线菌一般为微碱性，即pH为7.5～8.5最适宜，真菌多适于pH为5～6的酸性土壤。

5.2 生物质全降解材料双阶段降解机理

生物质全降解材料在自然界中的降解过程是前述几种降解方式综合作用的结果。当制品被废弃到自然环境中时，由于受到光、热、射线、氧、水、空气污染物等复杂环境的化学作用，以及风、砂、波、自身拉紧应力、热胀冷缩的机械作用，植物纤维和淀粉团之间的黏结发生微裂作用，从而导致淀粉团和植物纤维之间发生界面分离。即生物质全降解材料表面出现“缺陷位”，如图5-1中粗线所示。降解过程首先从“缺陷位”开始进行。按照废弃生物质全降解制品降解历程，本书把该材料的降解过程分为填埋之前和填埋之后两个阶段，称为双阶段降解。

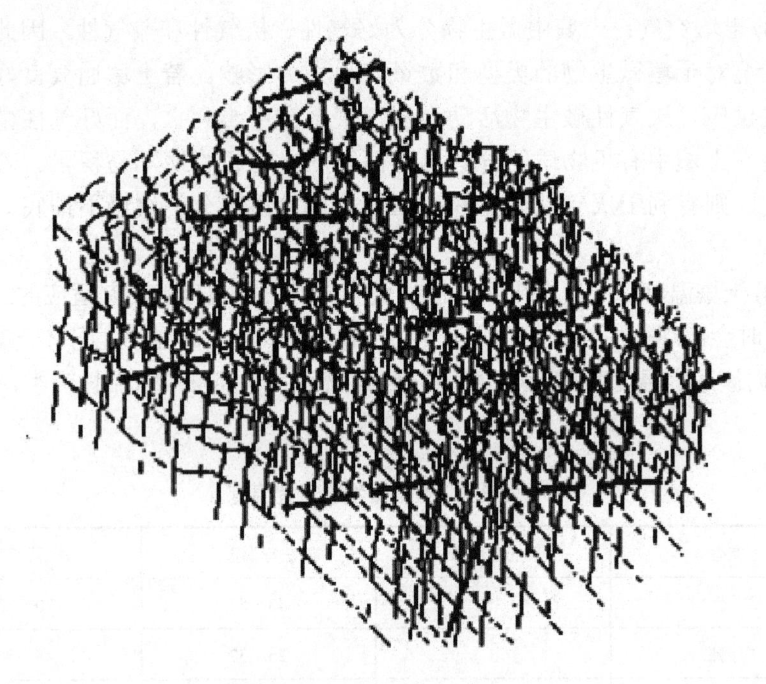

图 5-1 生物质全降解材料表面“缺陷位”示意图

5.2.1 填埋之前降解机理

生物质全降解制品被废弃到自然环境后，经风吹、日晒、雨淋等，首先引起纤维素的光降解。把纤维素暴露在紫外光下，其分子上的发色基团，如羟基，会吸收紫外光而发生光化学反应，导致纤维素中的连接链出现断开、交连和接枝等现象。在紫外光和氧的共同作用下，纤维素链产生自由基。

$$RH \longrightarrow R\cdot + H\cdot \tag{5-1}$$

纤维素自由基再与氧发生反应，生成纤维素过氧化物和纤维素氢过氧化物。

$$R\cdot + O_2 \longrightarrow ROO\cdot \tag{5-2}$$

$$ROO\cdot + R'H \longrightarrow ROOH + R'\cdot \tag{5-3}$$

$$R'\cdot + O_2 \longrightarrow R'OO\cdot \tag{5-4}$$

纤维素氢过氧化物在波长大于 290nm 的光照射下很容易分解生成酮基。

$$ROOH \longrightarrow RO\cdot + \cdot OH \tag{5-5}$$

酮基在紫外光照射下发生 Norrish Ⅰ 或 NorrishⅡ反应而断裂，随着这两种反应的不断进行，纤维素被逐步降解成低相对分子质量物质，实现了降解作用。

其中 NorrishⅠ反应在酮基处断开高分子链，如图 5-2 所示。

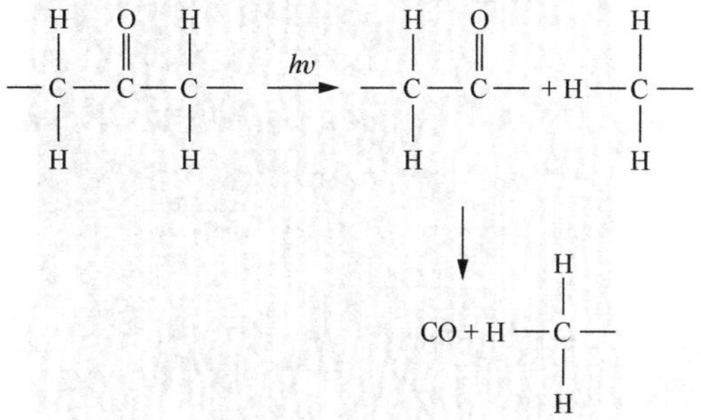

```
   H   O   H              H   O          H
   |   ‖   |     hv       |   ‖          |
 —C —C —C —   ——→   —C —C — +H—C —
   |       |              |              |
   H       H              H              H

                         ↓
                                H
                                |
                      CO+H —C —
                                |
                                H
```

图 5-2　Norrish Ⅰ 降解反应图

NorrishⅡ反应在 α 位断开高分子链，如图 5-3 所示。

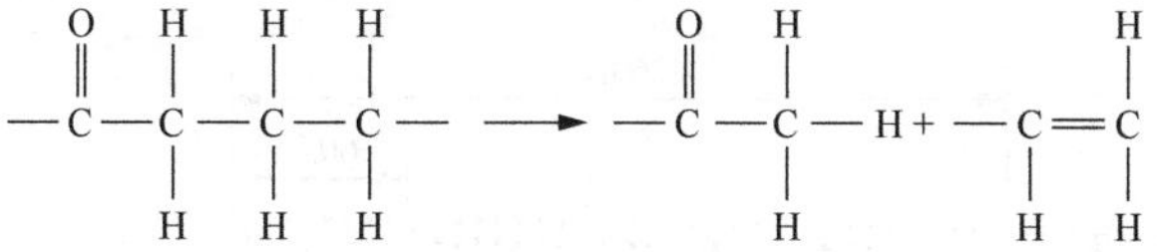

```
  O   H   H   H            O   H                H
  ‖   |   |   |            ‖   |                |
—C —C —C —C —  ——→  —C —C —H+ —C ═C
      |   |   |                |            |   |
      H   H   H                H            H   H
```

图 5-3　NorrishⅡ降解反应图

在紫外光照射下，生物质全降解材料光降解初期纤维素从长链断裂成为短链，链长度下降幅度较大，故聚合度下降较快。在随后的降解中，键断裂主要发生在逐渐积累的中小分子连接键上，链长度下降幅度变小，故聚合度下降速率变慢。由于纤维素内部无定形区结构疏松，纤维素连接键较易打开，因此光降解过程中纤维素链的断裂主要发生在无定形区，如图 5-4 所示。

在生物质全降解材料降解初期，除光降解作用外，还发生了纤维素的热降解并伴随着氧化降解。在环境温度较低时，降解反应主要是在无定形区结合水分的蒸发作用。随着温度升高，降解反应逐渐过渡到结晶区，破坏纤维主结构，使强度完全损失直至碳化。纤维素的热降解过程，主要包括两个类型的反应。在低温阶段 120～250℃发生的降解作用包括解聚水解氧化脱水和脱羧作用。在高温阶段，挥发性很强，并伴随着形成左旋葡萄糖，留下烧成碳的物质。纤维素热降解的机理，是加热脱水和左旋聚葡萄糖的形成两个反应的综合，脱水作用是微吸热的反应，生成失水纤维素。左旋聚葡萄糖的形成是强吸热反应，当失水纤维素进一步分解时，发生放热反应，最后形成木炭和气体产品[162,163]。

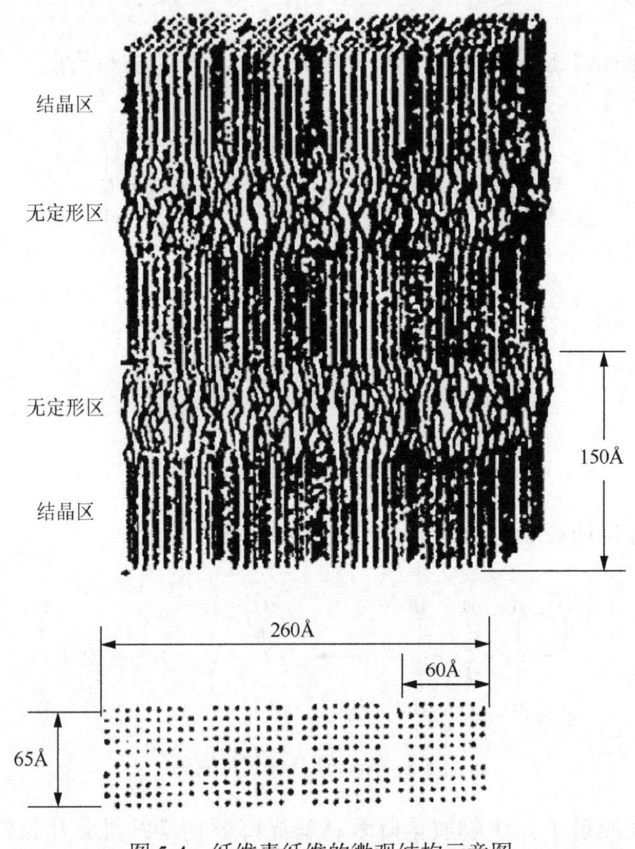

图 5-4　纤维素纤维的微观结构示意图

5.2.2　填埋之后降解机理

生物质全降解废弃材料被土埋后，对纤维素而言，主要进行纤维素水解降解和生物降解。在降解初期，降解过程首先从废弃材料残片的边缘和潜在的“缺陷位”开始进行，然后进行逐步侵蚀。纤维素降解主要是水解反应，由于降解环境为中性偏酸，纤维素发生的是酸性水解。水解反应首先发生在纤维素的无定形区，导致纤维素纤维的聚合度下降。随着降解过程的进行，微生物逐渐聚集到纤维周围，然后“吃”掉纤维中的无机盐营养物质、土壤中的氮源和水解成单分子的纤维素碳源，形成初级代谢酶。

对淀粉而言，主要进行的是生物降解作用。淀粉被微生物侵袭，逐步消逝，在聚合物中构成多孔粉碎布局，增加了与外界环境的接触面积，从而有益于进一步天然分化[164,165]。

对添加剂而言，由于添加剂是碳氢化合物，它亦可作为碳源，供给微生物有机营养。但是添加剂的量相对材料主体来说是很少的，酶很快扩散到纤维素的基体中进行生物降解，纤维素大分子链断裂成小分子，最终代谢成二氧化碳和水。

纤维素的水解过程，首先纤维素等多糖类物质在微生物分泌的糖类水解酶的作用下，水解为单糖，如式(5-6)所示。

$$(C_6H_{10}O_5)_n + nH_2O \longrightarrow nC_6H_{12}O_6 \tag{5-6}$$

生成的葡萄糖在通气好的条件下，可迅速分解为二氧化碳和水，并放出很多热量，如式(5-7)所示。若土壤通气不良，则在厌气性微生物的作用下缓慢分解，而且形成一些还原性物质，如氢、甲烷等，如式(5-8)和式(5-9)所示。

$$C_6H_{12}O_6 + 6O_2 \longrightarrow 6CO_2 + 6H_2O + 2822\text{kJ} \tag{5-7}$$

$$C_6H_{12}O_6 \longrightarrow CH_3CH_2CH_2COOH + 2H_2 + 2CO_2 + 75.4\text{kJ} \tag{5-8}$$

$$4H_2 + CO_2 \longrightarrow CH_4 + 2H_2O \tag{5-9}$$

碳水化合物的分解，在为微生物的生命活动提供碳源和能量同时，二氧化碳扩散到地表大气层中，可供绿色植物进行光合作用，二氧化碳溶于水形成的碳酸，还有利于土壤矿物质养分的溶解和转化，丰富土壤中可给态养料。

在自然界中，纤维素能被千百种真菌、细菌和放线菌等微生物所降解，这些分解过程维持着微生物的新陈代谢循环。纤维素被微生物降解释放出酶，再引起纤维素的酶降解。纤维素酶水解天然纤维素机理简图如图 5-5 所示[160]。

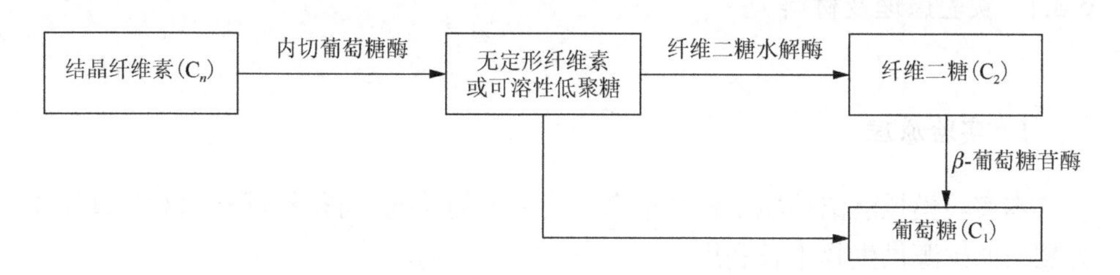

图 5-5　纤维素酶水解纤维素机理简图

生物质全降解材料残片进入土壤后，还会因土壤湿度变化、昆虫活动、人的耕作劳动和植物根系生长等提高碎化程度，有利于其进一步降解。

生物质全降解制品在自然界中的双阶段降解机理可归纳如图 5-6 所示。

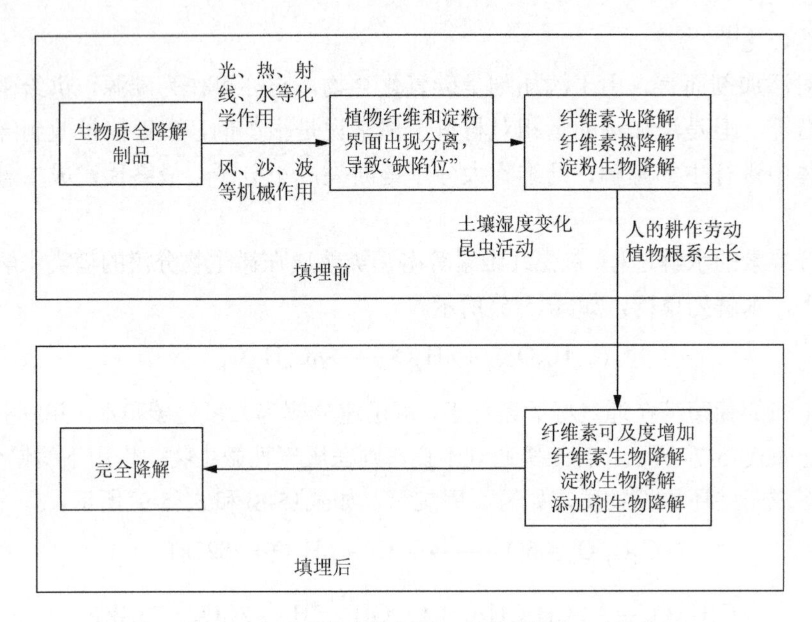

图 5-6　生物质全降解制品双阶段降解机理简图

5.3　生物全降解材料降解性能实验研究

5.1 节和 5.2 节已从机理上对生物质全降解材料在自然界中的降解过程进行了系统研究，本节采用霉菌实验的方法对其降解性能进行实验研究。

5.3.1　实验原理及材料

1. 实验原理

本实验模拟清洁环境下样品被微生物分解的情况，将待检试样和对照试样作为唯一的碳源供生物生长利用。

2. 实验材料

(1)生物质全降解餐盒：植物纤维(稻草纤维)20%、淀粉(玉米淀粉)30%、碳酸钙和其他添加剂 50%。

淀粉基塑料餐盒：淀粉 30%、塑料 70%。

纸浆模塑餐盒：木浆 80%、草浆和其他添加剂 20%。

三种原料如图 5-7 所示。

(2) 滤纸：纤维素定性滤纸，1 号。

(3) 塑料：聚乙烯。

(4) 试样样片：各类材料做成 20mm×40mm×2mm、30mm×40mm×2mm、40mm×40mm×2mm 等尺寸。

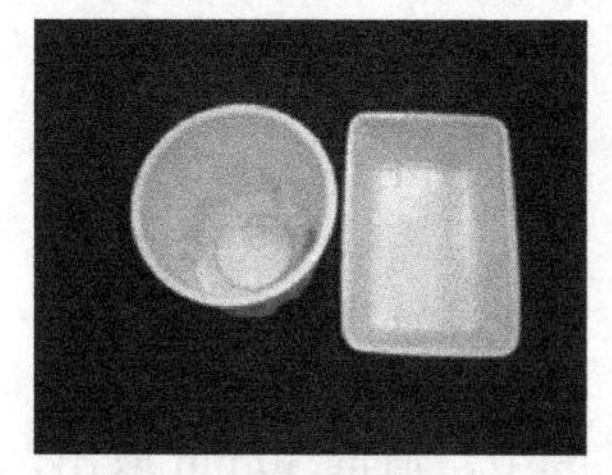
(a) 生物质全降解餐盒

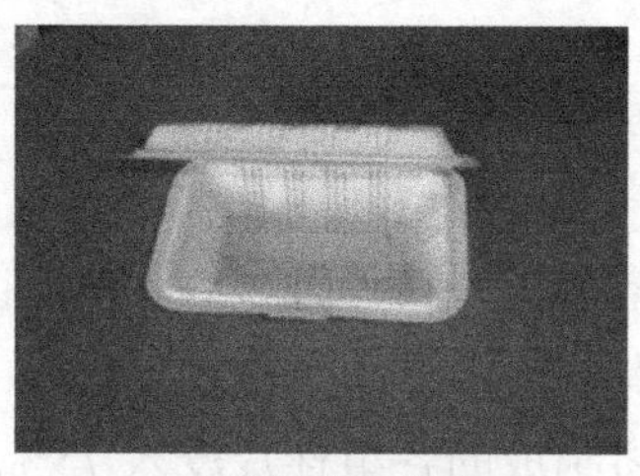
(b) 淀粉基塑料餐盒

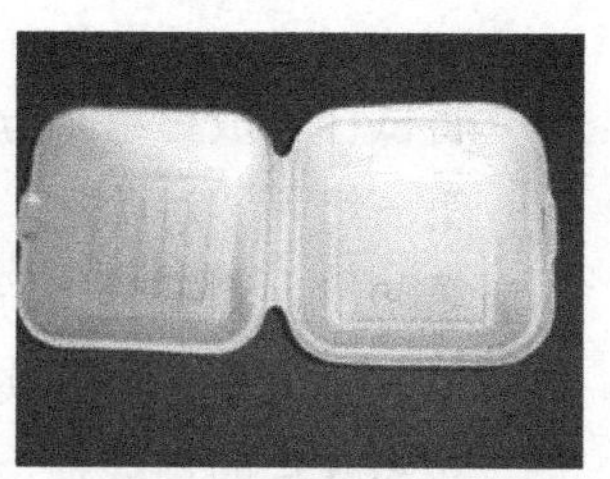
(c) 纸浆模塑餐盒

图 5-7　实验餐盒图

3. 实验设备

(1) 恒温恒湿培养箱(28～30℃，相对湿度不低于 85%)，型号为 LRH-150-S，生产厂家：广东省医疗器械厂。

(2) 电动低压喷泵(流量为 3L/min，空气压力为 $0.4kg/cm^2$)。

(3) 电热鼓风干燥箱 102 型(龙口先科仪器公司)。

4. 实验菌种

(1) 黑曲霉(AS 3.3928)。

(2) 土曲霉(AS 3.3935)。

(3) 球毛壳(AS 3.4254)。

(4) 绿色木霉(AS 3.3928)。

(5) 出牙短梗霉(AS 3.3984)。

(6) 绳状青霉(AS 3.3875)。

以上菌种保存在查氏培养基上，4℃存放，6 个月转种一次，使用时，分别接种于马铃薯蔗糖培养基斜面，28～30℃培养 7～14 天，制备混合孢子悬液，制备方法如文献[166]所示。

5. 培养基

根据国标提供的培养基制作方法[166]，本试验采用的培养基如下所示。

(1) 查氏培养基。

(2) 马铃薯蔗糖培养基。

(3) 基础无碳源培养液。

(4) 基础无碳源培养基。

5.3.2 实验方法及步骤

将试样分成三组，分别如下：

第一组为零对照组，在实验室自然放置。

第二组为不染菌组，样片不接种菌种。

第三组为染菌侵蚀实验组。

实验样片的预处理：将制成的各组样片浸入 75%乙醇中，消毒 30min 取出，室温下自然干燥过夜后，移入干燥器 30min，称重至恒重，记录初始质量。

(1) 倒板：将基础无碳源琼脂培养基加热熔化倒进平皿，每平皿培养基深度 8～10mm。

(2) 接种：在生物安全柜内将第三组的各样片分别置于无菌平皿内，再用美术喷枪分别将 0.2mL 霉菌悬液喷于各样片表面。

(3) 加实验样片：将染菌的各样片静置 1min 后以无菌程序将其置于预先制备好的平皿培养基表面，同时做不染菌对照组和零对照组。每组三皿，每皿两片。要避免样片之间、样片与平皿之间接触。

(4) 培养：将接种好的第三组及不接种的第二组平皿用胶带封好，置于霉菌培养箱中。保持培养箱 30℃，相对湿度大于 90%，培养 28 天。培养箱每周换气一次。零对照平皿在实验室自然放置。每周取出一片试样称重并做好记录，观察上述各样片表面霉菌生长情况。取三皿霉菌平均覆盖面积的百分比按表 5-4 要求进行分级。

表 5-4 霉菌生长分级方法

级别	试样表面霉菌覆盖面的百分比	生长程度
O	肉眼、显微镜下均未见生长	无
I	肉眼未见生长，显微镜下清晰可见生长	微量
II	肉眼可见生长，约占总面积≤25%	轻度
III	肉眼可见生长，约占总面积≤50%	中度
IV	肉眼可见生长，约占总面积>50%	重度
V	肉眼可见生长，约占总面积 100%	

(5)烘干称重：用 75%的酒精消毒，然后用 85℃的蒸馏水清洗后，在干燥器中干燥直到恒重，称量并记录此时各样品的质量，计算质量损失率。实验过程如图 5-8 所示。

(a)倒板

(b)接种

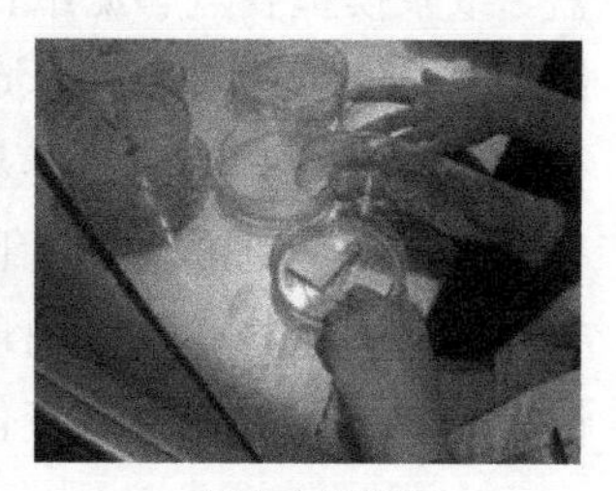

(c)加实验样片

(d)培养

(e)烘干称重

图 5-8　霉菌实验过程图

质量损失率是评价样品生物降解性能的重要指标之一，它等于试样生物降解实验后平均质量损失除以原始试样平均质量的百分比，如式(5-10)所示。样品降解后质量损失率越大，其生物降解性越好[167]。

$$D = \frac{m_0 - m_t}{m_0} \times 100\% \tag{5-10}$$

式中，m_0 为试样原始质量；m_t 为试样降解后的质量。

5.4　实验结果及分析

5.4.1　霉菌生长程度分析

各种试样表面霉菌在整个实验周期内每周生长情况如图 5-9 所示，表 5-5 是各种试样根据表面霉菌生长程度的分级。在开始实验的第一周，生物质全降解餐盒、纸浆模塑餐盒、滤纸等都表现出很好的降解性能，肉眼观察菌丝已经开始生长，部分菌丝已经产生了孢子，菌丝生长面积已经分别达到Ⅲ、Ⅲ、Ⅳ级，而淀粉基塑料餐盒和塑料没有出现菌丝生长的情况。第二周观察时，生物质全降解餐盒、纸浆模塑餐盒和滤纸试样的菌丝生长面积已经分别达到Ⅳ、Ⅳ、Ⅴ级，且都出现了孢子脱落现象，而淀粉基塑料餐盒和塑料还没有出现菌丝生长的情况，但在这两种试样旁边的培养基上出现了菌丝的生长。第三周观察时，生物质全降解餐盒、纸浆模塑餐盒和滤纸试样的表面已经全部长满了菌丝和孢子，淀粉基塑料餐盒和塑料试样还没有出现菌丝生长的情况。第四周观察时，各类试样菌的生长情况和第三周基本没有变化。

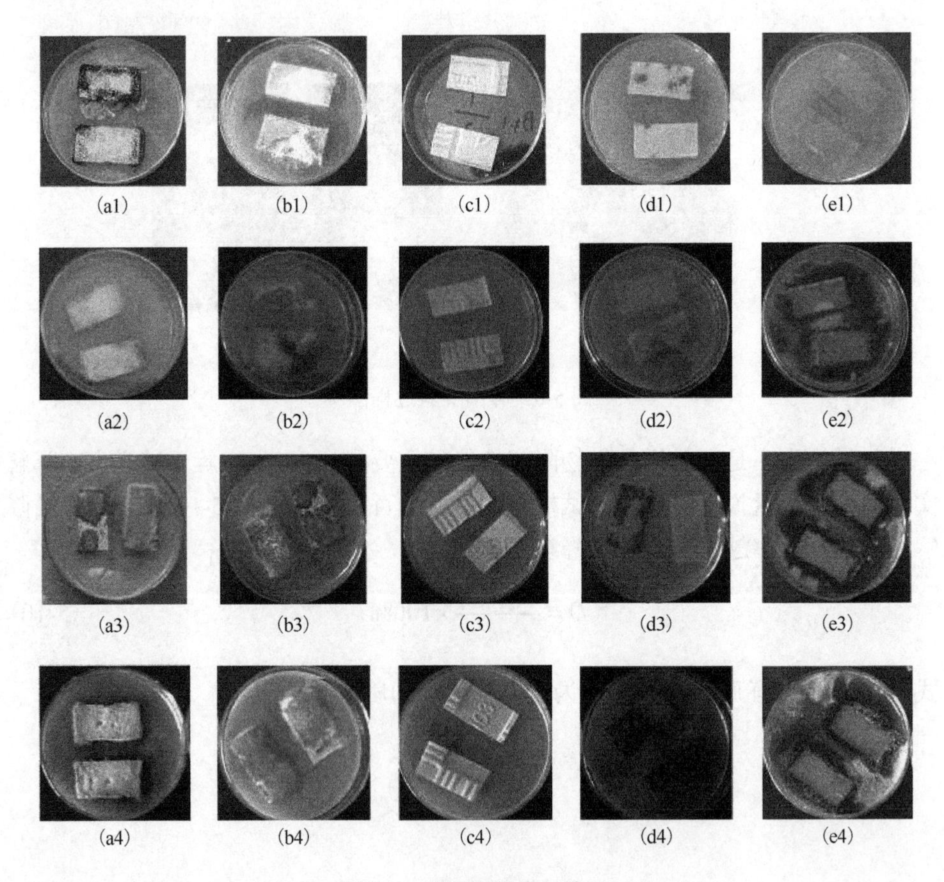

图 5-9　霉菌每周生长情况

(a)～(e)分别表示生物质全降解餐盒、纸浆模塑餐盒、淀粉基塑料餐盒、滤纸、塑料；1～4 表示周次

表 5-5　霉菌在实验周期中的生长分级

时间	生物质全降解餐盒	纸浆模塑餐盒	淀粉基塑料餐盒	塑料	滤纸
第一周	Ⅲ	Ⅲ	O	O	Ⅳ
第二周	Ⅳ	Ⅳ	O	O	Ⅴ
第三周	Ⅴ	Ⅴ	O	O	Ⅴ
第四周	Ⅴ	Ⅴ	O	O	Ⅴ

生物质全降解餐盒、纸浆模塑餐盒和滤纸三种试样的主要成分是植物纤维或淀粉，而植物纤维具有能被微生物分泌的酶作用的化学键，如酯键、苷键和肽键等。文献[168]指出，酯键、苷键和肽键等是可以被水解酶切断的。同时，淀粉的分子式是$(C_6H_{10}O_5)_n$，是天然高分子聚合物，也是具有良好降解性能的材料。因此，这三种材料在实验中都表现出良好的降解性能。

淀粉基塑料餐盒在这种实验条件下的菌种生长情况不明显，这符合微生物的“钥匙-锁”理论。“钥匙-锁”理论是指产生生物降解微生物分泌的酶的催化作用具有专一性，即特定的酶作用于特定的物质。

5.4.2　质量损失率分析

五种材料在实验周期中的质量损失情况如图 5-10 所示。生物质全降解餐盒、纸浆模塑餐盒、滤纸三种材料的质量损失率在前两周增长较快，第二周时，已经分别达到 39.88%、63.26%、84.54%。第二周以后，三种材料的质量损失率增长速度有所降低，整个曲线变得很平坦。实验结束时三种材料的质量损失率分别是 41.59%、82.73%、89.34%。在整个实验周期中，淀粉基塑料餐盒和塑料的质量损失率基本没有变化。五种材料的质量损失率和前面所分析的菌种生长程度相符合，即前两周降解速度较快，后两周降解速度较慢。

生物质全降解餐盒最终质量损失率为 41.59%，其原料里面的 50%的填料不会对环境造成影响，所以仅需考虑原料中植物纤维和淀粉的降解情况，其质量损失率为 83.2%。因此，生物质全降解餐盒、纸浆模塑餐盒和滤纸的降解性能相当。

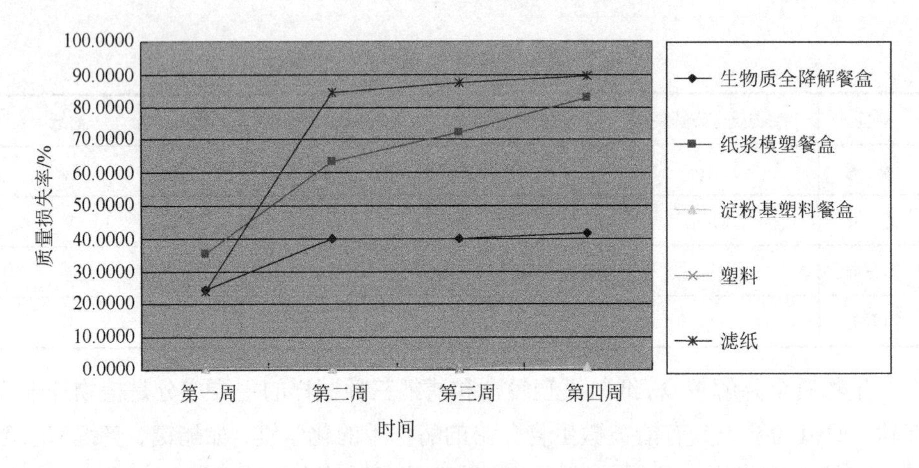

图 5-10 试样质量损失率对比图

5.4.3 环境条件对材料降解性能的影响

图 5-11 显示了五种材料在自然放置、不染菌培养、染菌培养三种环境条件下的最终质量损失率。在染菌培养环境中与在自然放置环境下相比生物质全降解餐盒、纸浆模塑餐盒、滤纸三种材料具有非常明显的降解效果，而淀粉基塑料餐盒和塑料在这三种环境下几乎没有降解。本实验所提供的培养环境是霉菌最活跃的环境条件，所以材料有较好的降解效果。

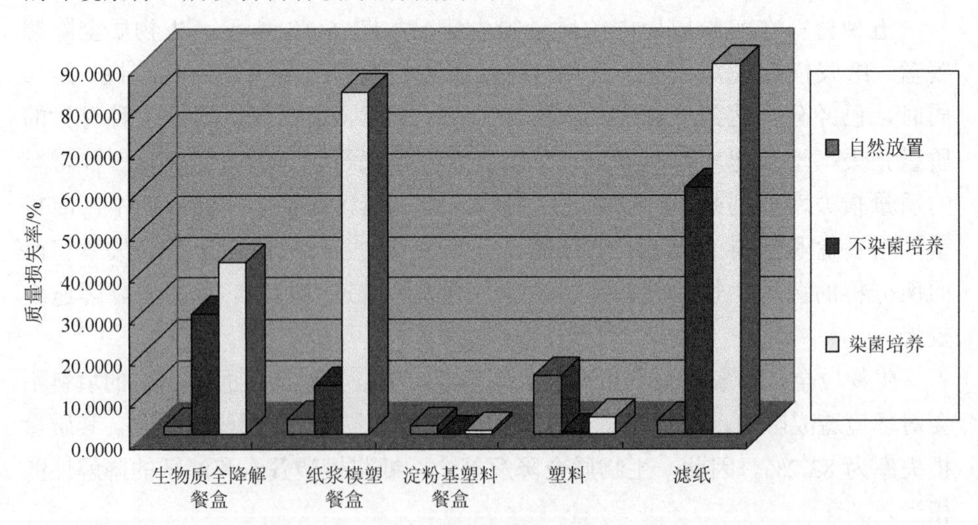

图 5-11 不同环境条件下质量损失率对比图

5.4.4　试样大小对材料降解性能的影响

表 5-6 显示了生物质全降解餐盒、纸浆模塑餐盒、淀粉基塑料餐盒、塑料和滤纸等材料在三种尺寸下霉菌生长程度和质量损失率。从表 5-6 中可以看出，在不同的试样尺寸下，每种材料的霉菌生长程度和质量损失率基本相差不大，即材料尺寸对其降解性能基本没有影响。

表 5-6　不同试样大小的降解性能指标

尺寸和项目		生物质全降解餐盒	纸浆模塑餐盒	淀粉基塑料餐盒	塑料	滤纸
20mm×40mm	长菌程度	V	V	O	O	V
	质量损失率/%	41.59	82.73	0.79	0.59	89.34
30mm×40mm	长菌程度	V	V	O	O	V
	质量损失率/%	37.65	85.55	0.54	0.63	87.87
40mm×40mm	长菌程度	V	V	O	O	V
	质量损失率/%	42.31	87.10	0.45	0.70	91.15

5.5　本 章 小 结

本章首先系统研究了生物质全降解制品在自然环境中的降解历程，提出了其降解机理。然后采用霉菌实验的方法，研究了生物质全降解餐盒在整个降解周期内的微生物生长程度和质量损失率，探讨了试样尺寸、环境条件对降解性能的影响，并把这些降解指标与作为阳性对照的滤纸和作为阴性对照的聚乙烯塑料进行了对比分析。同时，还与纸浆模塑餐盒、淀粉基塑料餐盒的降解性能进行了对比。本章主要结论如下：

(1) 揭示了生物质全降解材料在自然界中的双阶段降解机理，废弃制品进入自然环境中，填埋之前以纤维素光降解和热降解为主，填埋进土壤后以微生物降解和水解为主，最后实现完全生物降解，并探讨了纤维素纤维的光降解机理、热降解机理和生物降解机理等。

(2) 通过霉菌实验的方法研究了生物质全降解餐盒的微生物生长程度和质量损失率。实验结果表明，生物质全降解餐盒降解程度达到Ⅴ级，质量损失率达到

41.59%。

(3)探讨了生物质全降解餐盒在降解周期中微生物的生长情况和质量损失率变化情况。在整个降解周期中，前两周生物质全降解餐盒降解较快，后两周降解较慢。

(4)比较了各种材料在自然放置、不染菌培养、染菌培养三种环境下的降解指标变化情况。生物质全降解餐盒、纸浆模塑餐盒和滤纸材料在染菌培养环境中降解性能最好，淀粉基塑料餐盒和塑料在这三种环境条件下没有表现出明显的降解性能。

(5)实验结果表明降解材料的尺寸对其降解性能没有影响。

第6章　基于层次分析法的生物质全降解包装材料绿色度评价

目前国内外已有多种可降解产品推出：淀粉类、双降解塑料类、纸浆模塑类、生物质全降解类等，而可降解包装材料在整个生命周期中的绿色度如何，需要一个科学的方法对其绿色度进行评价。本章首先针对包装产品的特性，建立包括环境属性、能源属性、资源属性和经济性的可降解包装材料的绿色度评价指标模型；其次，运用全生命周期理论和模糊层次分析法模型对其进行评价和分析；最后，把六种典型可降解包装材料和传统发泡塑料包装材料的绿色度进行对比。

6.1　基于生命周期的模糊层次分析法

层次分析法是一种定量和定性相结合的决策分析方法，该方法是用一定标度把人的主观判断进行客观定量化，对定性的问题进行定量分析的一种简单实用的多准则评价决策方法。它的基本思路是通过分析复杂系统的有关要素及其相互关系，将系统层次化，建立一个有序的递阶层次系统，然后通过两两比较因素的相对重要性，给出相应的比例标度，构造上层某因素对下层相关因素的判断矩阵，以确定相关因素对上层因素的相对重要序列；在满足一致性(通过检验)原则的前提下，进行目标下的因素单排列，从而得出不同要素或评价对象的优劣权重，为决策和评价提供依据[125,169,170]。

基于生命周期的模糊层次分析法是在统筹考虑产品在其整个生命周期中绿色属性的基础上，根据产品及其绿色属性的层次特性，应用层次分析法建立梯阶层次结构模型，并结合应用模糊评价综合评判方法对产品的“绿色”特性进行评价的系统化方法[169]。对于绿色产品，本书认为采用模糊层次评价方法评价其绿色度是比较适宜的。这是因为工业产品的结构和“绿色属性”具有明显的层次性，且“绿色”属性指标既具有定量成分又具有定性成分，单纯采用层次分析法很难对定性的因素进行正确的描述，而模糊层次分析法中的隶属函数和隶属度的概念正是定性因素，以精确的数学语言描述定性或不确定因素的方法，解决了统一各项指标量纲的问题。

1. 评价过程

绿色产品的模糊层次分析评价过程如图 6-1 所示。

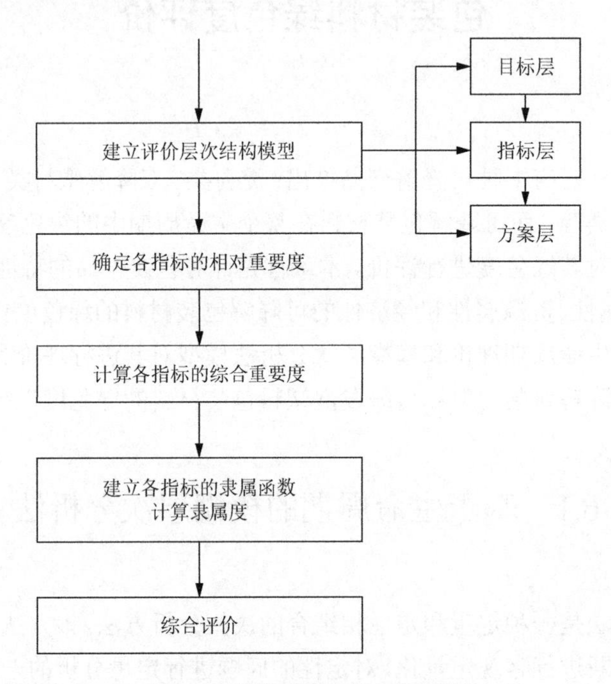

图 6-1　模糊层次分析评价过程

2. 建立层次结构模型

根据评价指标中各指标所属类型，将其划分成不同层次，就形成了绿色产品的层次结构模型，如图 6-2 所示。模型由目标层、指标层、方案层组成。目标层是最高层，又称为理想结果层，描述了评价的目的；指标层是中间层，是评价准则或影响评价的因素，可再分为子指标层；方案层是采用的方案、措施或者评价的对象。

3. 确定相对重要度

建立层次结构模型后，上下层之间元素的隶属关系就确定了。假定以上一层次的元素 A_m 为准则，对下一层次的元素 $B_1,B_2,\cdots,B_n$ 有支配关系，对于准则 A_m，首先要确定同层元素 B_i 和 B_j 哪一个更重要，重要多少，一般用相对重要度表示，相对重要度通常赋予 1～9 的比例尺度。表 6-1 为常用的 1～ 9 比列标度的判断尺度。接着应确定 B_i 关于 A_m 的相对重要度，即各层之间的权重。

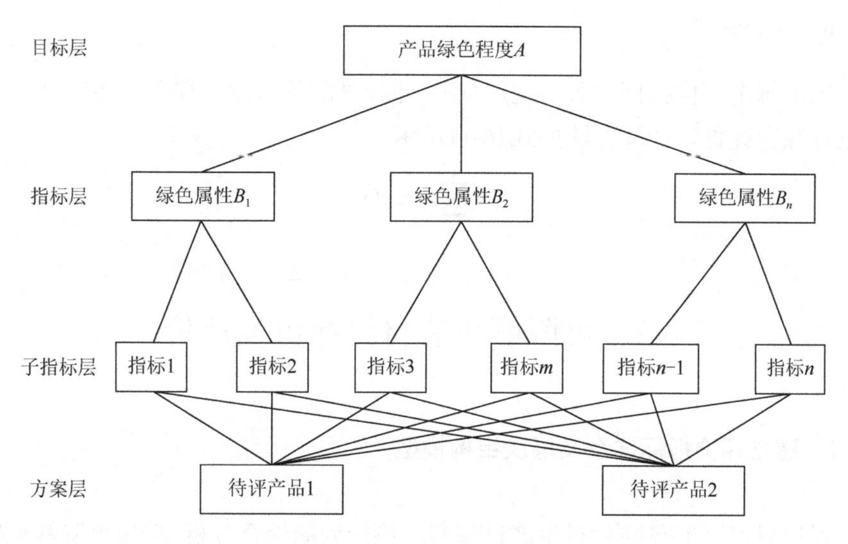

图 6-2　绿色产品评价层次结构图

表 6-1　评价指标相对重要度判断尺度

判断尺度	含义
1	对 A_m 而言，因素 B_i 与因素 B_j 相比较，同等重要
3	对 A_m 而言，因素 B_i 与因素 B_j 相比较，前者比后者略微重要
5	对 A_m 而言，因素 B_i 与因素 B_j 相比较，前者比后者明显重要
7	对 A_m 而言，因素 B_i 与因素 B_j 相比较，前者比后者重要得多
9	对 A_m 而言，因素 B_i 与因素 B_j 相比较，前者比后者绝对重要
2，4，6，8	介于相邻两个判断尺度之间的情况

注：相反情况取倒数。

4. 计算综合重要度

在计算了各级指标对上一级的权重后，可从最上一级开始，自上而下地求出各级指标关于评价目标的综合重要度。

5. 确定隶属度

隶属度由隶属函数计算求得。隶属函数是根据每一个指标的环境特性和专家知识，从已有的标准模糊分布中选择适当的模糊分布，然后根据经验指定或者根据实验数据计算出隶属函数的有关参数，最后确定该评价指标的隶属函数。

6. 综合评价

求出每个评价指标的隶属度$\mu_A(x_i)$，并计算出各指标的综合重要度 W_i 后，即可进行综合评价，计算方法如式(6-1)所示。

$$T = \sum_{i=1}^{n} W_i \mu_A(x_i) \tag{6-1}$$

6.2 可降解包装材料绿色度评价

6.2.1 建立评价指标体系及层次结构模型

通过对可降解包装材料生产过程和环境行为的综合分析，确定可降解包装材料的评价指标和层次结构模型，如图 6-3 所示。本书确定以环境属性、能源属性、资源属性和经济性作为可降解包装材料的一级评价指标。二级评价指标包括污染物排放、可降解性、回收处理、能源类型、效能比、能源利用率、材料利用率、材料回收率、原料种类、用户成本/生产成本、环境成本/生产成本等。根据评价层次结构图设计调查问卷用于基础数据收集。

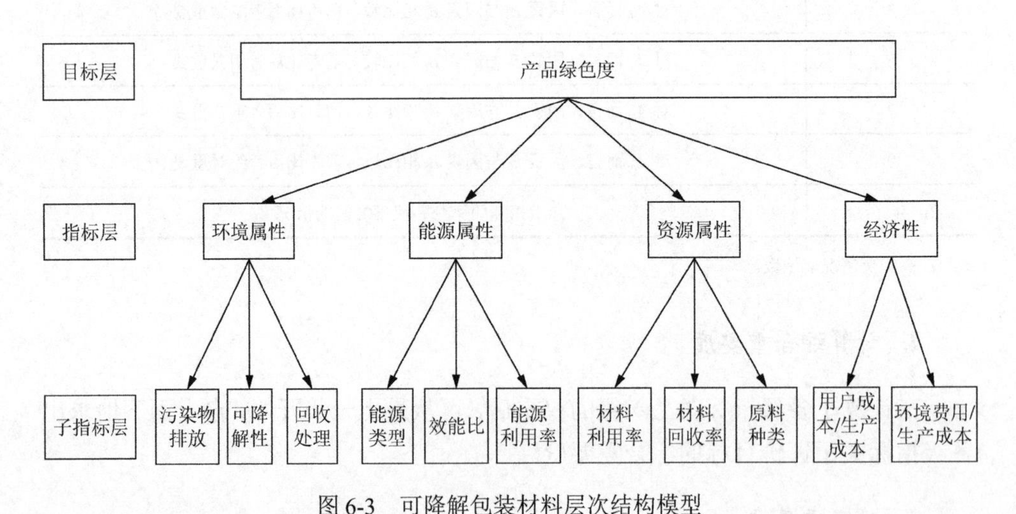

图 6-3 可降解包装材料层次结构模型

6.2.2 计算各评价指标权重

数据收集采用调查问卷的形式，问卷的设计采用图 6-3 所示的结构，调查对象为国内部分包装材料生产厂家技术人员和相关协会专家。选取某一份生物质全降解类可降解包装材料问卷的作答，可以得到下列五个矩阵，如表 6-2～表 6-6 所示。

表 6-2　*A*-*B* 判断矩阵

	B_1	B_2	B_3	B_4
B_1	1	2	3	3
B_2	1/2	1	2	1/2
B_3	1/3	1/2	1	1
B_4	1/3	2	1	1

表 6-3　B_1-*C* 判断矩阵

B_1	C_1	C_2	C_3
C_1	1	1/5	1/2
C_2	5	1	3
C_3	2	1/3	1

表 6-4　B_2-*C* 判断矩阵

B_2	C_4	C_5	C_6
C_4	1	2	2
C_5	1/2	1	1/2
C_6	1/2	2	1

表 6-5　B_3-*C* 判断矩阵

B_3	C_7	C_8	C_9
C_7	1	2	1/2
C_8	1/2	1	1/2
C_9	2	2	1

表 6-6　B_4-*C* 判断矩阵

B_4	C_{10}	C_{11}
C_{10}	1	1/2
C_{11}	2	1

采用和积法[170]进行计算，得到相应各评价因素的相对重要度(相对重要度又称权重，即判断矩阵的特征向量)及矩阵一致性检验结果，如表 6-7 所示。

表 6-7　矩阵特征向量和一致性检验

判断矩阵	A-B	B_1-C	B_2-C	B_3-C	B_4-C
W(特征向量的近似解)	$\begin{bmatrix}0.421\\0.203\\0.155\\0.221\end{bmatrix}$	$\begin{bmatrix}0.131\\0.621\\0.248\end{bmatrix}$	$\begin{bmatrix}0.511\\0.223\\0.266\end{bmatrix}$	$\begin{bmatrix}0.299\\0.237\\0.464\end{bmatrix}$	$\begin{bmatrix}0.324\\0.676\end{bmatrix}$
λ_{max}(最大特征值)	3.996	3.115	3.045	3.074	2.127
CI(一致性指标)	0.068	0.002	0.027	0.027	0.027
RI(平均随机一致性指数)	0.900	0.058	0.058	0.058	0.000
CR(一致性比率)	0.079<0.1	0.003<0.1	0.056<0.1	0.045<0.1	
满意一致性	是	是	是	是	是

对返回的所有生物质全降解类可降解包装材料调查问卷分别进行矩阵构造、计算相对重要度和一致性检验，根据统计学原理减少粗大误差，取算术平均值，最终得到影响因子的权重，如表 6-8 所示。

表 6-8　最终矩阵特征向量和一致性检验

判断矩阵	A-B	B_1-C	B_2-C	B_3-C	B_4-C
W	$\begin{bmatrix}0.464\\0.198\\0.144\\0.203\end{bmatrix}$	$\begin{bmatrix}0.122\\0.648\\0.230\end{bmatrix}$	$\begin{bmatrix}0.493\\0.196\\0.311\end{bmatrix}$	$\begin{bmatrix}0.311\\0.196\\0.493\end{bmatrix}$	$\begin{bmatrix}0.386\\0.614\end{bmatrix}$
λ_{max}	4.205	3.004	3.054	3.054	2.027
CI	0.068	0.002	0.027	0.027	0.027
RI	0.900	0.058	0.058	0.058	0.000
CR	0.076<0.1	0.003<0.1	0.046<0.1	0.046<0.1	
满意一致性	是	是	是	是	是

6.2.3　计算综合重要度

在计算了各级指标对上一级的权重后，从最上一级开始，根据表 6-8 的计算结果，计算各指标关于生物质全降解可降解包装材料的综合重要度，如表 6-9 所示。

表 6-9　生物质全降解包装材料评价指标综合重要度和隶属度

绿色度		环境属性	能源属性	资源属性	经济性	综合重要度	隶属度
		0.464	0.189	0.144	0.203		
污染物排放	0.122	0.122×0.464				0.057	0.375
可降解性	0.648	0.648×0.464				0.301	0.778
回收处理	0.23	0.23×0.464				0.107	0.8
能源类型	0.493		0.493×0.189			0.093	0.3
效能比	0.196		0.196×0.189			0.037	0.727
能源利用率/%	0.311		0.311×0.189			0.059	0.667
材料利用率/%	0.311			0.311×0.144		0.045	0.75
材料回收率/%	0.196			0.196×0.144		0.028	0.733
原料种类	0.493			0.493×0.144		0.071	0.45
用户成本/生产成本/%	0.386				0.386×0.203	0.078	0.7
环境费用/生产成本/%	0.614				0.614×0.203	0.125	0.667

6.2.4　确定各指标隶属度

首先确定各指标的隶属函数，采用逻辑推理指派法。根据有关企业各项指标的统计资料和有关国家标准规定的标准值作为原始资料，来确定各指标的隶属函数。例如，能源利用率是评价能源属性的重要指标，其值越大越好。取能源利用率 50%为一般，即隶属度为 0.5。当能源利用率超过 80%时，该指标的隶属度为 1，当能源利用率低于 20%时，该指标的隶属度为 0。可以得到能源利用率的隶属函数如图 6-4 所示。同理，可以确定其他指标的隶属函数。

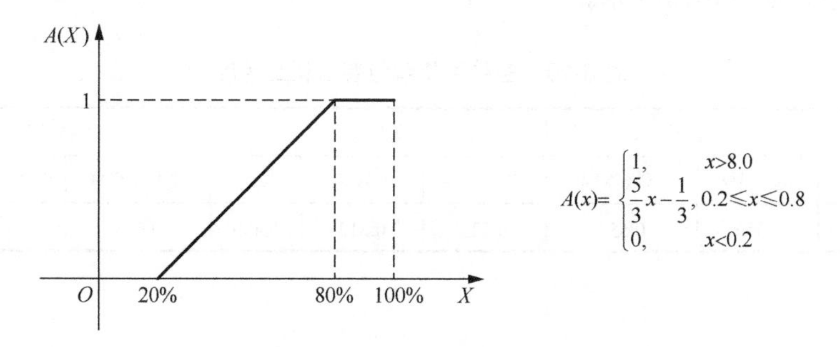

图 6-4　能源利用率隶属函数

6.2.5　综合评价

根据表 6-9 中的数据和式(6-1)，利用线性加权综合法计算出生物质全降解包装材料的绿色度为 0.659。

6.2.6　结果分析

从表 6-9 中可以得出如下结论：

(1)在可降解包装材料的绿色属性中，环境性处于明显的重要地位(占 46.4%)。这是因为在环境越来越受到重视的今天，对包装材料来说，其环境性能的好坏是评价该材料绿色属性最重要的标准。

(2)在可降解包装材料的绿色属性中，经济性处于次重要地位(占 20.3%)。这是因为在市场经济体制下，经济因素是保持产品生命力的重要因素，经济性是每种产品的最终目标。

(3)在二级指标中，材料的可降解性占很大的比例(占 30.1%)。这是因为现在的包装材料产生大量的白色污染，现有的处理方法焚烧、填埋、回收都存在很明显的弊端，而可降解包装材料是解决白色污染问题最好的塑料替代品。

6.3　典型可降解包装材料绿色度对比分析

6.3.1　典型可降解包装材料

本书选定六种典型可降解包装材料和传统发泡塑料包装材料进行比较，计算其绿色度，如表 6-10 所示。

表 6-10　各种可降解包装材料绿色度

项目	纸浆		塑料类			生物质类	
	纸浆模塑	纸板涂膜	淀粉改性	非发泡	发泡	微生物合成	生物质全降解
绿色度	0.556	0.535	0.522	0.512	0.499	0.623	0.659

6.3.2　结果分析

从表 6-10 可以得出如下结论：

(1) 各类可降解包装材料的绿色度都优于传统发泡塑料的绿色度。其中，塑料类可降解包装材料绿色度最低，淀粉改性型可降解塑料是现在使用最多的一种一次性包装材料，其工艺简单、成本较低，一次性塑料制品厂家可在原有基础上快速转型，从而广泛替代难以降解的一次性发泡塑料材料。淀粉改性型可降解塑料不可完全降解，部分降解后产生的塑料碎片仍然对自然环境产生较大的危害。

(2) 纸浆类包装材料在生产过程中会消耗大量的木材，对我国的森林资源造成巨大威胁；同时，纸在生产过程中产生大量的废水，对河流、湖泊、海洋造成污染。特别是纸板涂膜型包装材料，废弃后表面涂覆的高分子膜很难被破坏，阻止了水、空气、微生物与纸的接触，导致纸纤维难以降解，对环境的危害不亚于一次性发泡塑料。

(3) 生物质类可降解包装材料绿色度最高，是一种典型的绿色包装材料，易于回收再利用，废弃后对环境的影响小、能在自然条件下快速分解、无有害物质产生。同时原材料来源广泛，生产成本较低。

6.4　本 章 小 结

本章首先建立了可降解包装材料的绿色度评价指标模型，运用全生命周期理论和模糊层次分析对其进行了评价和分析；其次，通过问卷调查得到定性评价后，利用概率统计的原理对数据进行了处理，构造比较矩阵，并采用和积法计算最大特征根和特征向量，得到各指标的相对重要度。再次，计算得到各指标相对于被评价产品的综合重要度。用逻辑推理指派法确定各指标的隶属函数后，得到该指标的隶属度。根据各评价指标的隶属度和综合重要度运用线性加权的方法得到的生物质全降解包装材料的绿色度；最后，把六种典型可降解包装材料和传统发泡塑料包装材料的绿色度进行了对比，认为生物质类可降解包装材料具有很好的发展前景。本章主要结论如下：

(1) 在可降解包装材料绿色属性的一级评价指标中，环境性处于明显的重要地位（占 46.4%），经济性处于次重要地位（占 20.3%）。这说明：对包装材料来说，在环境越来越受到重视的今天，其环境性能的好坏是评价该材料绿色属性最重要的标准。

(2)在可降解包装材料绿色属性的二级指标中，材料的可降解性占很大的比例(占 30.1%)。这说明：现在的包装材料产生大量的白色污染，现有处理方法焚烧、填埋、回收都存在很明显的弊端，而可降解包装材料是从根本上解决白色污染问题最好的塑料替代品。

(3)各类可降解包装材料的绿色度都优于传统发泡塑料的绿色度。塑料类可降解包装材料绿色度最低，淀粉改性型可降解塑料不可完全降解，部分降解后产生的塑料碎片仍然对自然环境产生较大的危害。纸浆类包装材料在生产过程中会消耗大量的木材，对我国的森林资源造成巨大的威胁，同时纸在生产过程中产生大量的废水，对河流、湖泊、海洋造成污染。生物质可降解包装材料绿色度最高，是一种典型的绿色包装材料，易于回收再利用，废弃后对环境的影响小、能在自然条件下快速分解、无有害物质产生。同时，原材料来源广泛，生产成本较低。

第 7 章　结论与展望

1. 研究总结

本书结合国家“十一五”科技支撑计划“绿色制造关键技术及装备”重大项目之“生物质全降解制品关键技术及成套装备(2006BAF02A08)”课题任务要求，以生物质全降解制品“配伍机理—成形过程及机理—产品性能”为主线，重点对课题中生物质全降解制品成形机理、成分配伍技术、成形工艺技术、力学性能、降解机理和环境友好性分析等关键技术进行了研究，主要成果和结论如下。

1)生物质全降解制品成分配伍技术及成形机理

(1)探讨了生物质全降解材料的四步式发泡机理，研究了发泡过程中发泡剂的共混、气泡成核阶段、气泡增长阶段和固化成形阶段等四阶段的相变机制。

(2)揭示了生物质全降解材料均相成核-水桥连接成形机理，研究了成形过程中纤维、淀粉和添加剂的水桥连接成形机理及植物纤维在成形过程中的“巢拱”转变机制。

(3)初步确定了几种典型生物质全降解制品成分配伍技术方案，为后续研究提供了理论基础。

2)生物质全降解制品成形工艺技术及成形模具研究

(1)研究了成形温度、压力、成形时间和投料量等参数对成形工艺的影响，提出了各成形参数的选择原则，初步确定了几种典型生物质全降解制品的成形工艺参数。

(2)研究开发了全置汽线、快排汽、无余料新型模具技术，使生物质全降解制品达到了实用工业化生产，产品避免了飞边、毛刺等缺陷，保证了产品质量，节约了原材料，提高了生产效率。

(3)采用有限元法研究成形模具上下模板在成形过程中的应力和应变情况，为模具的设计和成形工艺的进一步优化提供了理论依据。

3)生物质全降解材料微观结构及力学性能实验研究

(1)研究了生物质全降解材料的微观组织形式形成机理，并采用 SEM 技术对生物质全降解材料的微观组织形式进行分析，提出了该材料泡孔的闭孔存在形式，使得材料具有良好的抗冲击性、反弹性和隔热保温性，材料性能最优。

(2)测定了三种配方的生物质全降解餐盒材料基础参数：弹性模量 E、泊松比μ、抗拉强度σ_b。

(3)通过实验和仿真对比，确定了生物质全降解餐盒四个上角位置为应力集中位置，为餐盒的结构设计提供了理论依据。

(4)通过餐盒整体压溃实验，得出餐盒的力-位移曲线，证实餐盒具有良好的韧性，为餐盒的运输、使用等提供了理论基础。

(5)生物质全降解餐盒满足《塑料一次性餐饮具通用技术要求》(GB 18006.1—2009)规定的各项使用性能的要求，主要包括质量测定、容积测定、耐水实验、耐油实验、负重性能实验、盒盖折次实验、含水率和跌落实验等。

4)生物质全降解制品降解机理及实验验证

(1)提出了生物质全降解材料在自然界中的双阶段降解机理，废弃制品进入自然环境中，填埋之前以纤维素光降解和热降解为主，填埋进土壤后以微生物降解和水解为主，最后实现完全生物降解。

(2)通过霉菌实验的方法研究了生物质全降解餐盒的微生物生长程度和质量损失率。实验结果表明，生物质全降解餐盒降解程度达到Ⅴ级，质量损失率达到41.59%。

(3)探讨了生物质全降解餐盒在降解周期中的微生物生长情况和质量损失率变化情况。在整个降解周期中，前两周生物质全降解餐盒降解较快，后两周降解较慢。

(4)比较了各种材料在自然放置、不染菌培养、染菌培养三种环境下降解指标的变化情况。生物质全降解餐盒、纸浆模塑餐盒和滤纸材料在染菌培养环境中降解性能最好，淀粉基塑料餐盒和塑料在这三种环境条件下没有表现出明显的降解性能。

(5)生物质全降解材料的大小对其降解性能没有影响。

5)基于层次分析法的生物质全降解包装材料绿色度评价

(1)建立了可降解包装材料的绿色度评价指标模型，运用全生命周期理论和模糊层次分析对其进行了评价和分析。

(2)在可降解包装材料绿色属性的一级评价指标中，环境性处于明显的重要地位(占46.4%)，经济性处于次重要地位(占20.3%)。这说明：对包装材料来说，在环境越来越受到重视的今天，其环境性能的好坏是评价该材料绿色属性的最重要的标准。

(3)在可降解包装材料绿色属性的二级指标中，材料的可降解性占有很大的比例(占30.1%)。这说明：可降解包装材料是从根本上解决白色污染问题最好的塑料替代品。

(4)各类可降解包装材料的绿色度都优于传统发泡塑料的绿色度。塑料类可降解包装材料绿色度最低，淀粉改性型可降解塑料不可完全降解，部分降解后产生的塑料碎片仍然对自然环境产生较大的危害。纸浆类包装材料在生产过程中会消耗大量的木材，对我国的森林资源造成巨大的威胁，同时纸在生产过程中产生大量的废水，对河流、湖泊、海洋造成污染。生物质可降解包装材料绿色度最高，是一种典型的绿色包装材料，易于回收再利用，废弃后对环境的影响小、能在自然条件下快速分解、无有害物质产生。同时原材料来源广泛，生产成本较低。

2. 本书的主要创新点

(1)探讨了生物质全降解材料的四步式发泡机理，研究了发泡过程中发泡剂的共混、气泡成核、气泡增长和固化成形等四阶段的相变机制，为研究生物质全降解材料的成分配伍技术提供了理论依据。

(2)揭示了生物质全降解材料均相成核-水桥连接成形机理，研究了成形过程中纤维、淀粉和添加剂的水桥连接成形机理及植物纤维在成形过程中的“巢拱”转变机制，为生物质全降解材料成形工艺参数的优化提供了理论依据。

(3)研究了生物质全降解材料在自然界中的双阶段降解机理，废弃制品进入自然环境中，填埋之前以纤维素光降解和热降解为主，填埋进土壤后以微生物降解和水解为主，最后实现完全生物降解，并采用霉菌实验的方法，对降解机理进行验证，为研究生物质全降解材料的降解性能研究奠定了理论基础。

3. 研究展望

本书以生物质全降解制品“成分配伍技术及成形机理—成形工艺技术—产品性能”为主线，重点对课题中生物质全降解制品成分配伍技术及成形机理、成形工艺技术及成形模具、力学性能、降解机理和环境友好性分析等关键技术进行了研究，取得了阶段性成果，但由于课题涉及面广、难度和工作量大，受时间和实验条件限制，尚有以下工作有待于进一步研究和深化：

(1)生物质全降解材料的成形机理过程是一个涉及化学、机械科学和材料科学非常复杂的过程，本书初步研究了一些因素对其发泡成形过程的影响，但是其中还有很多不确定因素对它们的发泡产生很大的影响，因此，要真正控制其发泡成形行为，还需不断探索研究淀粉发泡成形的基础理论。

(2)生物质全降解材料各成分的含量、成形工艺参数等因素对其力学及使用性能的影响也需要进行更深入的研究。

(3)受实验条件的限制，本书仅研究在实验室环境中生物质全降解材料的降解性能，而该材料在自然环境中的具体降解情况需做深入研究。

参 考 文 献

[1] 陈绯．生物降解塑料的研究进展[J]．鞍山科技大学学报，2003，26(3)：164-168．

[2] 杜忠学，刘曼丽．生物降解塑料的开发状况和评价·试验方法[J]．国外塑料，1996，14(1)：11-13．

[3] 郭安福，李剑峰，李方义，等．植物纤维淀粉餐盒的降解性能研究[J]．功能材料，2009，40(11)：1929-1932．

[4] 吴勇．生物降解塑料及其检测方法[J]．塑料，1997，26(4)：48-51．

[5] Kyrikou I, Briassoulis D. Biodegradation of agricultural plastic films: A critical review[J]. Journal of Polymers and the Environment, 2007, 15(2): 125-150.

[6] 戈进杰．生物降解高分子材料及其应用[M]．北京：化学工业出版社，2002．

[7] Cinelli P, Chiellini E, Lawton J W, et al. Foamed articles based on potato starch, corn fibers and poly(vinyl alcohol)[J]. Polymer Degradation and Stability, 2006, 91(5): 1147-1155.

[8] Chiellini E, Cinelli P, Ilieva V I, et al. Environmentally compatible foamed articles based on potato starch, corn fiber, and poly(vinyl alcohol)[J]. Journal of Cellular Plastics, 2009, 45(1): 17-32.

[9] Valente S. Sustainable development, renewable resources and technological progress[J]. Environmental and Resource Economics, 2005, 30(1): 115-125.

[10] Chiellini E, Cinelli P, Magni S, et al. Fluid biomulching based on poly(vinyl alcohol) and fillers from renewable resources[J]. Journal of Applied Polymer Science, 2008, 108(1): 295-301.

[11] 郭东宇，陈赘．一次性可降解餐具的研究现状及前景分析[J]．资源节约与环保，2007，23(2)：40-41．

[12] Cinelli P, Chiellini E, Lawton J W, et al. Properties of injection molded composites containing corn fiber and poly(vinyl alcohol)[J]. Journal of Polymer Research, 2006, 13(2): 107-113.

[13] Imam S H, Cinelli P, Gordon S H, et al. Characterization of biodegradable composite films prepared from blends of poly(vinyl alcohol), cornstarch, and lignocellulosic fiber[J]. Journal of Polymers and the Environment, 2005, 13(1): 47-55.

[14] Chen J, Zheng X, Xing S, et al. Influence of plastic film mulching on infiltration into seasonal freezing-thawing soil[J]. Transactions of the Chinese Society of Agricultural Engineering, 2006, 22(7): 18-21.

[15] Yang Q, He D, Liu H. Effect of liquid film mulching on cotton yield and soil environment[J]. Transactions of the Chinese Society of Agricultural Engineering, 2005, 21(5): 123-126.

[16] Wei H, Shao S. Study on wheat hill-drop planter used for perpendicularly inserting film

mulching field[J]. Transactions of the Chinese Society of Agricultural Machinery, 2001, 32(6): 34-37.

[17] 赵科，孙培勤，刘大壮．一次性可降解餐具转化为生产力的影响因素[J]．郑州工业大学学报(社会科学版)，2001，19(1)：81-84.

[18] Georges A, Lacoste C, Damien, E. Effect of formulation and process on the extrudability of starch-based foam cushions [J]. Green Technology, 2018, 5(3): 435-440.

[19] Rutiaga M O, Galan L J, Morales L H, et al. Mechanical property and biodegradability of cast films prepared from blends of oppositely charged biopolymers[J]. Journal of Polymers and the Environment, 2005, 13(2): 185-191.

[20] Glenn G M, Orts W J, Buttery R, et al. Mechanical and physical properties of microcellular starch-based foams formed from gels[J]. ACS Symposium Series, 2001, 786: 42-60.

[21] 赵科，孙培勤，孙绍辉，等．可降解餐具工业化进展[J]．化工进展，2001，20(11)：46-48.

[22] Ludvik C N, Glenn G M, Klamczynski A P, et al. Cellulose fiber/bentonite clay/biodegradable thermoplastic composites[J]. Journal of Polymers and the Environment, 2007, 15(4): 251-257.

[23] Offeman R D, Ludvik, C N. A novel method to fabricate high permeance, high selectivity thin-film composite membranes[J]. Journal of Membrane Science, 2011, 380(1): 163-170.

[24] 郭文静，鲍甫成，王正．可降解生物质复合材料的发展现状与前景[J]．木材工业，2008，22(1)：12-14.

[25] 张耀东，马彦龙，卫爱丽．废旧塑料改性再生技术研究现状及进展[J]．中外医疗，2007(5)：36-37.

[26] Li Z, Li W, Du Y. Effect of water control and plastic-film mulch on growth in spring wheat populations[J]. International Water and Irrigation, 2007, 27(4): 18-24.

[27] Zhou J, Zhu H. Study on environmentally friendly agricultural mulching films[J]. Transactions of China Pulp and Paper, 2003, 18(2): 101-105.

[28] Krishnaswamy R K, Kelly P, Schwier C E, et al. The effectiveness of biodegradable poly(hydroxy butanoic acid) copolymers in agricultural mulch film applications[C] //66th Annual Technical Conference of the Society of Plastics Engineers, Milwaukee, 2008.

[29] 王军．生物质化学品[M]．北京：化学工业出版社，2008.

[30] 史吉平，杜风光，闫德冉，等．我国可降解塑料研究与生产现状[J]．上海塑料，2006(2)：4-8.

[31] 俞文灿．可降解塑料的应用、研究现状及其发展方向[J]．中山大学研究生学刊(自然科学、医学版)，2007(1)：22-32.

[32] 任文．关于我国一次性餐具使用的情况分析[J]．内蒙古财经学院学报，2006，3(7)：28-30.

[33] Miladinov V D, Hanna M A. Temperatures and ethanol effects on the properties of extruded modified starch[J]. Industrial Crops and Products, 2001, 13(1): 21-28.

[34] Biswas A, Saha B C, Lawton J W, et al. Process for obtaining cellulose acetate from agricultural by-products[J]. Carbohydrate Polymers, 2006, 64(1): 134-137.

[35] Lawton J W, Shogren R L, Tiefenbacher K F. Aspen fiber addition improves the mechanical properties of baked cornstarch foams[J]. Industrial Crops and Products, 2004, 19(1): 41-48.

[36] Nabar Y, Narayan R. Biodegradable starch foam packaging for automotive applications[C]// Global Plastics Environmental Conference 2004-Plastics: Helping Grow a Greener Environment, Detroit, 2004.

[37] Frank H, Ying W C. Method for making disposable bowls and trays[J]. Journal of Cleaner Production, 1996, 4(2): 128.

[38] Marechal V, Rigal L. Characterization of by-products of sunflower culture-commercial applications for stalks and heads[J]. Industrial Crops and Products, 1999, 10(3): 185-200.

[39] 李媛媛，戴宏民．植物纤维缓冲制品的改性及发泡技术探讨[J]．重庆工商大学学报(自然科学版)，2008，25(3)：281-285．

[40] 未友国，敖宁建，张渊明．植物纤维/蒙脱土/橡胶发泡复合材料微孔结构的研究[J]．电子显微学报，2008，27(5)：379-383．

[41] 宋晓利，武军．增塑剂对以天然植物纤维类为填料的发泡缓冲材料性能的影响[J]．包装工程，2005，26(3)：42-44．

[42] Chinnaswamy R, Hanna M A. Optimum extrusion-cooking conditions for maximum expansion of corn starch[J]. Journal of Food Science, 1988, 53(3): 834-836.

[43] Wang L, Ganjyal G M, Jones D D, et al. Modeling of bubble growth dynamics and nonisothermal expansion in starch-based foams during extrusion[J]. Advances in Polymer Technology, 2005, 24(1): 29-45.

[44] 杨文斌，谢拥群. 植物纤维发泡包装材料的干燥[J]. 干燥技术与设备，2007，5(6)：279-283.

[45] 刘建龙．生物全降解淀粉快餐具生产技术及设备[J]．山东食品发酵，2000，2：42-44.

[46] 李超民．美国生物质能源政策激励与粮食消费展望[J]．农业展望，2010，6(3)：37-41.

[47] 林宗虎．生物质能的利用现况及展望[J]．自然杂志，2010，32(4)：196-201．

[48] 肖烈，张忠河，何永梅，等．国内外生物质裂解技术发展和应用现状[J]．安徽农业科学，2008，36(36)：16102-16104．

[49] 林维纪，张大雪．生物质固化成形技术及其展望[J]．新能源，1999，2(4)：39-42．

[50] 莫海军，胡青春．我国一次性可降解环保餐具的发展概况与应用前景[J]．包装与食品机械，2000，18(6)：25-27．

[51] 王文生．纸浆模压纸餐具生产自动线简介[J]．纸和造纸，2000(3)：23-24．

[52] 刘志忱．纸浆模塑机理及其模具设计研究[J]．包装世界，2002(6)：31-35．

[53] 刘刚．生物质全降解制品生产线仿真与优化研究[D]．济南：山东大学，2010．

[54] 黄英，张以忱，曹恒仁. 真空纸浆模塑机自动控制系统研究[J]. 轻工机械，2003(1)：47-50.

[55] 黄英，张以忱，杨广衍．DZJ-A型全自动真空纸浆模塑制品生产线及工艺的研究[J]．真空，2001(3)：39-42．

[56] 张以忱，房也，黄英，等．纸浆模塑机热压模具仿真模拟分析[J]．轻工机械，2004，1：23-25．

[57] 陈耀武，赵良知，黄锦强．基于Pro/E与ANSYS的一模多腔模具热分析[J]．模具技术，2007(6)：50-53．

[58] 焦安勇．基于有限元模拟分析的生物质压缩成形机的研发[D]．长春：吉林大学，2009．

[59] 鲁海宁．生物质全降解餐饮具模具结构分析及优化[D]．济南：山东大学，2010．

[60] 鲁海宁，贾秀杰，李剑峰，等．全降解餐盒成形模具热分析与优化[J]．模具工业，2010(3)：45-49．

[61] 胡玉峰，曾健华．稻壳制一次性餐具成形工艺R值研究[J]．现代机械，2004(2)：48，66．

[62] Preechawong D, Peesan M, Supaphol P, et al. Characterization of starch/poly([var epsilon]-caprolactone) hybrid foams[J]. Polymer Testing, 2004, 23(6): 651-657.

[63] Preechawong D, Peesan M, Supaphol P, et al. Preparation and characterization of starch/poly(L-lactic acid) hybrid foams[J]. Carbohydrate Polymers, 2005, 59(3): 329-337.

[64] Soykeabkaew N, Supaphol P, Rujiravanit R. Preparation and characterization of jute- and flax-reinforced starch-based composite foams[J]. Carbohydrate Polymers, 2004, 58(1): 53-63.

[65] Shey J, Imam S H, Glenn G M, et al. Properties of baked starch foam with natural rubber latex[J]. Industrial Crops and Products, 2006, 24(1): 34-40.

[66] Rosa M F, Medeiros E S, Malmonge J A, et al. Cellulose nanowhiskers from coconut husk fibers: Effect of preparation conditions on their thermal and morphological behavior[J]. Carbohydrate Polymers, 2010, 81(1): 83-92.

[67] Alavi S H, Rizvi S S H, Harriott P. Process dynamics of starch-based microcellular foams produced by supercritical fluid extrusion. II: Numerical simulation and experimental evaluation[J]. Food Research International, 2003, 36(4): 321-330.

[68] Alavi S H, Rizvi S S H, Harriott P. Process dynamics of starch-based microcellular foams produced by supercritical fluid extrusion. I: model development[J]. Food Research International, 2003, 36(4): 309-319.

[69] 谢拥群，陈彦，魏起华，等．机械发泡技术制备网状植物纤维材料的研究[J]．福建林学院学报，2008，28(3)：203-207．

[70] 张以忱，黄英，姜翠宁．纸浆模塑真空吸滤成形机理研究[J]．真空，2003(3)：52-58．

[71] 张以忱，蒋代君，黄英，等．纸浆真空模塑成形技术及应用[J]．真空，2002(4)：7-13．

[72] Tanrattanakul V, Chumeka W. Effect of potassium persulfate on graft copolymerization and mechanical properties of cassava starch/natural rubber foams [J]. Journal of Applied Polymer Science, 2010, 116(1): 93-105.

[73] Ludvik C N, Glenn G M, Klamczynski A P, et al. Cellulose fiber/bentonite clay/biodegradable thermoplastic composites[J]. Journal of Polymers and the Environment, 2007, 15(4): 251-257.

[74] Imam S H, Gordon S H, Mohamed A, et al. Enzyme catalysis of insoluble cornstarch granules: Impact on surface morphology, properties and biodegradability[J]. Polymer Degradation and Stability, 2006, 91(12): 2894-2900.

[75] Gomes A M M, Da Silva P L, E Moura C D L, et al. Study of the mechanical and biodegradable properties of cassava starch/chitosan/PVA blends[J]. Macromolecular Symposia, Special Issue: Brazilian Polymer Congress , 2011, 299-300(1): 220-226.

[76] Scarascia-Mugnozza G, Schettini E, Vox G, et al. Mechanical properties decay and morphological behaviour of biodegradable films for agricultural mulching in real scale experiment[J]. Polymer Degradation and Stability, 2006, 91(11): 2801-2808.

[77] Briassoulis D. Mechanical behaviour of biodegradable agricultural films under real field conditions[J]. Polymer Degradation and Stability, 2006, 91(6): 1256-1272.

[78] Casavola C, Lamberti L, Mastrandrea G, et al. Mechanical characterisation of a new biodegradable film[J]. Strain, 2010, 46(3): 215-226.

[79] 赵东，孙艳玲，赵小津．植物秸秆杯型容器成形过程的计算机模拟[J]．北京林业大学学报，2002：212-214．

[80] 徐锋，高德，景全荣．基于有限元法的可降解餐具力学性能分析[J]．包装工程，2008(10)：71-73．

[81] 景全荣，刘壮，高德．可降解餐具碗压缩特性及有限元分析[J]．包装工程，2007(9)：94-95．

[82] 曹世普，郭奕崇，马玉林．纸浆模塑工业包装制品缓冲机理研究及有限元模拟[J]．中国包装工业，2002(7)．

[83] Mohee R, Unmar G D, Mudhoo A, et al. Biodegradability of biodegradable/degradable plastic materials under aerobic and anaerobic conditions[J]. Waste Management, 2008, 28(9): 1624-1629.

[84] Unmar G, Mohee R. Assessing the effect of biodegradable and degradable plastics on the composting of green wastes and compost quality[J]. Bioresource Technology, 2008, 99(15): 6738-6744.

[85] Joo S B, Kim M N, Im S S, et al. Biodegradation of plastics in compost prepared at different composting conditions[J]. Macromolecular Symposia, 2005, 224: 355-365.

[86] Zhao J, Wang X, Zeng J, et al. Biodegradation of poly(butylene succinate-co-butylene adipate) by Aspergillus versicolor[J]. Polymer Degradation and Stability, 2005, 90(1): 173-179.

[87] 赵黔榕，刘应隆，傅昀，等．S-P新型塑料生物降解性能的研究[J]．云南化工，2000(3)：45-46．

[88] Briassoulis D. Analysis of the mechanical and degradation performances of optimised

agricultural biodegradable films[J]. Polymer Degradation and Stability, 2007, 92(6): 1115-1132.

[89] Briassoulis D. Mechanical performance and design criteria of biodegradable low-tunnel films[J]. Journal of Polymers and the Environment, 2006, 14(3): 289-307.

[90] Briassoulis D, Mistriotis A, Eleftherakis D. Mechanical behaviour and properties of agricultural nets-Part I: Testing methods for agricultural nets[J]. Polymer Testing, 2007, 26(6): 822-832.

[91] Briassoulis D, Mistriotis A, Eleftherakis D. Mechanical behaviour and properties of agricultural nets. Part II: Analysis of the performance of the main categories of agricultural nets[J]. Polymer Testing, 2007, 26(8): 970-984.

[92] Briassoulis D. An overview on the mechanical behaviour of biodegradable agricultural films[J]. Journal of Polymers and the Environment, 2004, 12(2): 65-81.

[93] Briassoulis D, Mistriotis A. Integrated structural design methodology for agricultural protecting structures covered with nets[J]. Biosystems Engineering, 2010, 105(2): 205-220.

[94] Touchaleaume F, Angellier-Coussy H, César G, et al. How performance and fate of biodegradable mulch films are impacted by field ageing[J]. Journal of Polymers and the Environment, 2018, 26(6): 2588-2600.

[95] Giannoulis A, Mistriotis T, Briassoulis D. Experimental and numerical investigation of the airflow around a raised permeable panel[J]. Journal of Wind Engineering and Industrial Aerodynamics, 2010, 98(12): 808-817.

[96] Rudnik E, Briassoulis D. Comparative biodegradation in soil behaviour of two biodegradable polymers based on renewable resources[J]. Journal of Polymers and the Environment, 2011, 19(1): 18-39.

[97] 肖荔人．聚乙烯可环境消纳塑料的生物降解性能研究[J]．环境工程学报，2007(5)：129-133.

[98] Lim H, Raku T, Tokiwa Y. A new method for the evaluation of biodegradable plastic using coated cellulose paper[J]. Macromolecular Bioscience, 2004, 4(9): 875-881.

[99] 李海花，单爱琴，周海霞．石油降解菌的筛选及降解性能研究[J]．污染防治技术，2008，21(5)：10-12.

[100] 张文，王沣浩，王东洋，等．LCA理论及其在制冷空调领域中的应用[J]．制冷与空调(北京)，2007，7(6)：52-56.

[101] Guinee J. Handbook on life cycle assessment operational guide to the ISO standards[J]. The International Journal of Life Cycle Assessment, 2002, 7(5): 311-313.

[102] Teulon H, Boidot Forget M, Epelly O. Life cycle assessment[J]. Automotive Engineering International, 1995, 103(12): 49-51.

[103] 乔振江．层次分析法在通信保障风险管理中的应用[J]．科技情报开发与经济，2009(9)：183-185．

[104] Saaty T L. Fundamentals of Decision Making and Priority Theory with the Analytic Hierarchy Process: The analytic hierarchy process series, vol. 6[M]. Pittsburgh: RWS Publications, 2000.

[105] Saaty T L. Decision making with the analytic hierarchy process[J]. International Journal of Services Sciences, 2008, 1(1): 83-98.

[106] 马茂冬，韩尧，张倩．基于模糊层次分析法的应急能力评估方法探讨[J]．中国安全生产科学技术，2009，5(2)：98-102．

[107] Saaty T L. How to make a decision: The analytic hierarchy process[J]. European Journal of Operational Research, 1990, 48(1): 9-26.

[108] 胡海军，程光旭，禹盛林，等．一种基于层次分析法的危险化学品源安全评价综合模型 [J]．安全与环境学报，2007(3)：141-144．

[109] 杜栋，庞庆华．现代综合评价方法与案例精选[M]．北京：清华大学出版社，2005．

[110] Fija T. An environmental assessment method for cleaner production technologies[J]. Journal of Cleaner Production, 2007, 15(10): 914-919.

[111] Williams H, Wikstrom F. Environmental impact of packaging and food losses in a life cycle perspective: A comparative analysis of five food items[J]. Journal of Cleaner Production, 2011, 19(1): 43-48.

[112] Engul H, Theis T L. An environmental impact assessment of quantum dot photovoltaics (QDPV) from raw material acquisition through use[J]. Journal of Cleaner Production, 2011, 19(1): 21-31.

[113] 李敏秀，李克忠，张响三．基于全生命周期的家具产品绿色度综合评价[J]．中南林业科技大学学报(自然科学版)，2008，28(1)：134-138．

[114] 李敏秀，李克忠．以节约材料为目标的木质家具产品设计方法初探[J]．林业实用技术，2009(7)：57-58．

[115] 周胜．基于模糊层次分析法的机电产品绿色度综合评价的研究与实现[D]．杭州：浙江大学，2002．

[116] Jones C I, McManus M C. Life-cycle assessment of 11 kV electrical overhead lines and underground cables[J]. Journal of Cleaner Production, 2010, 18(14): 1464-1477.

[117] Hammond G P, Harajli H A, Jones C I, et al. Integrated appraisal of a building integrated photovoltaic (BIPV) system[C]//1st International Conference on Sustainable Power Generation and Supply, Nanjing, 2009.

[118] Hammond G P, Jones C I. Embodied energy and carbon in construction materials[J]. Proceedings of Institution of Civil Engineers: Energy, 2008, 161(2): 87-98.

[119] 何良菊，李培杰，王晓强．塑料与镁合金移动电话外壳材料的生命周期评价[J]．机械工程学报，2003(8)：44-48.

[120] Xie M H, Li L, Huang Z C, et al. Environmental impacts of milk packaging made from polythene using life cycle assessment[C]//2010 4th International Conference on Bioinformatics and Biomedical Engineering, Chengdu, 2010.

[121] Xie M, Li L, Huang Z, et al. Study on fuzzy evaluation of packaging rationality based on life cycle assessment[C]//3rd International Conference on Bioinformatics and Biomedical Engineering, Beijing, 2009.

[122] Tarantini M, Loprieno A D, Cucchi E, et al. Life Cycle Assessment of waste management systems in Italian industrial areas: Case study of 1st Macrolotto of Prato[J]. Energy, 2009, 34(5): 613-622.

[123] Tarantini M, Scalbi S, Misceo M, et al. Life Cycle Assessment as a tool for water management optimization in textile finishing industry[C]//Environmentally Conscious Manufacturing IV, Philadelphia, 2004.

[124] Laurent A, Bakas I, Clavreul J, et al. Review of LCA studies of solid waste management systems-Part I: Lessons learned and perspectives[J]. Waste Management, 201, 34(3): 573-588.

[125] 姜峰，李剑峰，李方义，等．基于层次分析法的包装材料综合效益分析评价[J]．包装工程，2007，28(12)：32-34.

[126] 李媛媛，戴宏民，韩敏，等．塑料编织袋制造工艺资源环境性能评价[J]．重庆工商大学学报(自然科学版)，2008(4)：403-407.

[127] 谢明辉，李丽，黄泽春，等．纸塑铝复合包装处置方式的生命周期评价[J]．环境科学研究，2009(11)：1299-1304.

[128] 谢明辉，李丽，黄泽春，等．典型复合包装的全生命周期环境影响评价研究[J]．中国环境科学，2009(7)：773-779.

[129] 孟宪策．聚碳酸酯和聚乳酸的生命周期评价[D]．北京：北京工业大学，2010.

[130] 关于发布“十一五”国家科技支撑计划重大项目“绿色制造关键技术与装备”课题申请指南的通知[EB/OL]．“绿色制造关键技术与装备”项目管理办公室．http: //www.most.gov.cn/tztg/ 200610/t20061025_36729.htm[2006-10-12].

[131] 王世荣，李祥高，刘东志．表面活性剂化学[M]．北京：化学工业出版社，2009.

[132] 张玉龙，王化银．淀粉胶黏剂[M]．北京：化学工业出版社，2008.

[133] 魏邦柱．胶乳乳液应用技术[M]．北京：化学工业出版社，2003.

[134] 辛忠．合成材料添加剂化学[M]．北京：化学工业出版社，2005.

[135] 吴辉煌．表面化学[M]．北京：北京大学出版社，1991.

[136] 刘温霞，邱纪元．造纸湿部化学[M]．北京：化学工业出版社，2005.

[137] 佘彬莺．网状结构植物纤维缓冲材料特性的研究[D]．福州：福建农林大学，2007.

[138] 史锃瑛，刘晔．缓冲包装材料发泡机理及泡体破坏因素的研究[J]．包装工程，2007(7)：31-33.

[139] 王向东．不同聚丙烯发泡体系的挤出发泡行为研究[D]．北京：北京化工大学，2008.

[140] Colton J S, Suh N P. Nucleation of microcellular foam: theory and practice.[J]. Polymer Engineering and Science, 1987, 27(7): 500-503.

[141] Colton J S, Suh N P. Nucleation of microcellular thermoplastic foam with additives: Part I: Theoretical considerations.[J]. Polymer Engineering and Science, 1987, 27(7): 485-492.

[142] Colton J S, Suh N P. Nucleation of microcellular thermoplastic foam with additives: Part II: Experimental results and discussion[J]. Polymer Engineering and Science, 1987, 27(7): 493-499.

[143] Amon M, Denson C D. Study of the dynamics of foam growth: simplified analysis and experimental results for bulk density in structural foam molding[J]. Polymer Engineering and Science, 1986, 26(3): 255-267.

[144] Amon M, Denson C D. Study of the dynamics of foam growth: Analysis of the growth of closely spaced spherical bubbles.[J]. Polymer Engineering and Science, 1984, 24(13): 1026-1034.

[145] 吴舜英，徐敬一．泡沫塑料成形[M]．北京：化学工业出版社，1999.

[146] 张玉亭，吕彤．胶体与界面化学[M]．北京：中国纺织出版社，2008.

[147] 张德智．植物纤维缓冲材料浆料流变特性的研究[D]．福州：福建农林大学，2009.

[148] 吴其叶，曹绍文，等．植物纤维发泡制品及成形技术[J]．轻工机械，2002(3)：22-25.

[149] 李依依．金属材料制备工艺的计算机模拟[M]．北京：科学出版社，2005.

[150] 刘汉武．铝型材挤 压模具智能设计理论研究[D]．沈阳：东北大学，2000.

[151] Hu Z, Zhu L, Wang B, et al. Computer simulation of the deep extrusion of a thin-walled cup using the thermo-mechanically coupled elasto-plastic FEM[J]. Journal of Materials Processing Technology, 2000, 102(1): 128-137.

[152] 倪正顺，帅词俊，钟掘．基于热力耦合的热挤压模具结构参数优化设计[J]．中国机械工程，2004(09)：5-8.

[153] 陶文铨，李永堂．工程热力学[M]．武汉：武汉理工大学出版社，2001.

[154] 张京珍．泡沫塑料成形加工[M]．北京：化学工业出版社，2005.

[155] 何继敏．新型聚合物发泡材料及技术[M]．北京：化学工业出版社，2008.

[156] 杨淑蕙．植物纤维化学[M]．北京：中国轻工业出版社，2001.

[157] 吴宗华，陈少平．植物纤维表面光致黄化及其反应机理的研究[J]．高分子学报，2000(2)：247-249.

[158] 戴燕，欧义芳，鲁杰，等．纸质餐具中纤维素纤维在紫外光光照下的降解研究[J]．纤维

素科学与技术，2002(1)：32-39.

[159] 赵文元，王亦军．功能高分子材料化学[M]．北京：化学工业出版社，2003.

[160] 胡琳娜．玄武岩纤维复合型体材料及降解机理研究[D]．天津：河北工业大学，2003.

[161] 吕贻忠，李保国．土壤学[M]．北京：中国农业出版社，2006.

[162] 陈玉放，郭元强，谢来苏．植物纤维有氧条件下的热稳定特性的研究[J]．纤维素科学与技术，1999(3)：13-19.

[163] 戴燕，鲁杰，石淑兰，等．新型纸质快餐具热降解性能研究[J]．纸和造纸，2002(2)：26-28.

[164] Maddever W J, Chapman G M. Modified starch based biodegradable plastics[C] //ANTEC 89-47th Annual Technical Conference of SPE, New York, 1989.

[165] Maddever W J. Making polymers biodegradable with modified starch additions[C] //Third Chemical Congress of North America, Toronto, 1988.

[166] 陈佐，孔宪会，陈哲京，等．GB/T 18006.2—1999 一次性可降解餐饮具降解性能试验方法[S]．国家质量技术监督局，1999.

[167] 翁云炬，陈家琪，刘山生．降解PE膜、发泡PS餐盒评价方法的研究[J]．中国塑料，1999，13(2)，78-81.

[168] 丁浩．塑料应用技术[M]．北京：化学工业出版社，1999.

[169] 刘光复，刘志峰，李钢．绿色设计与绿色制造[M]．北京：机械工业出版社，1999.

[170] 赵焕臣．层次分析法[M]．北京：科学出版社，1986.